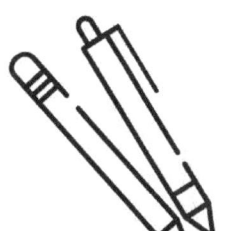

QUESTO È IL LIBRO DI

□□□□□□□□□

MI PRESENTO

MY NAME IS

FAVOURITE COLOUR

MY BIRTHDAY

MY FAVOURITE FOOD

THIS IS ME

HELLO! MY NAME IS _____

Caccia alla lettera A!
Letter Hunt
Find and color the letter A

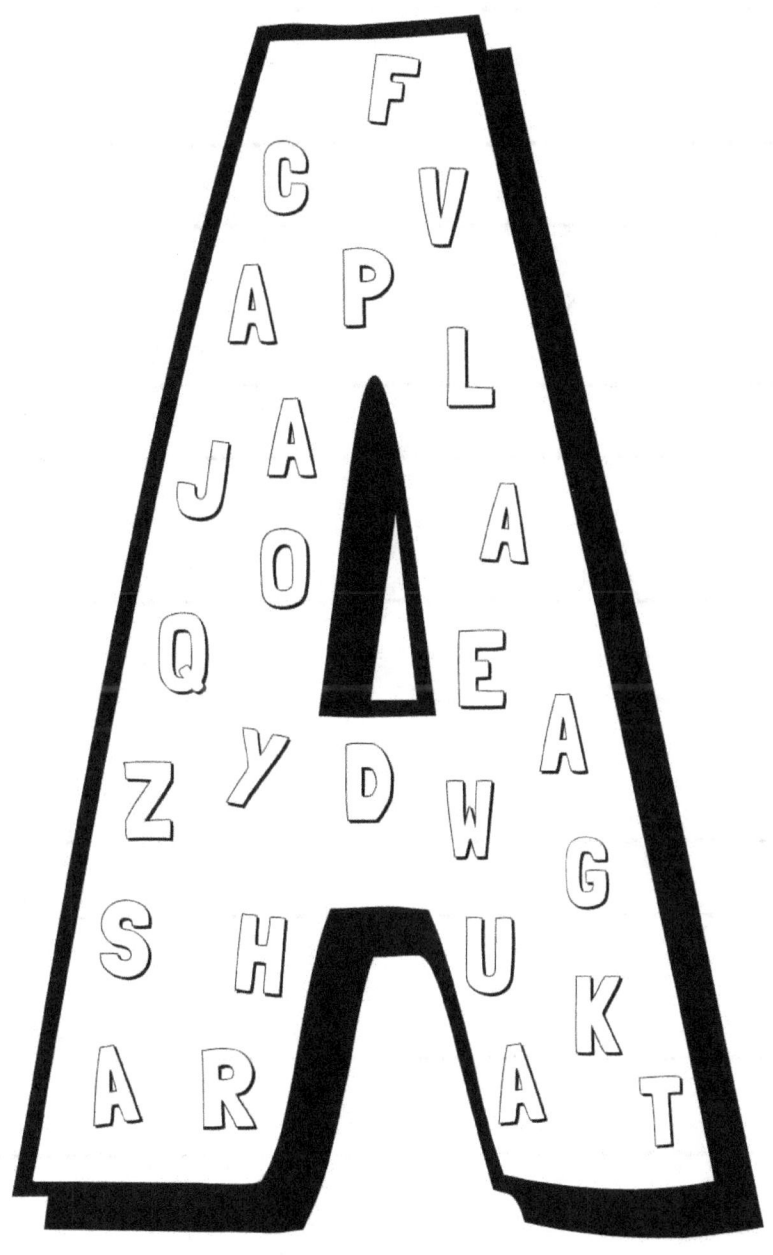

Trova e colora la lettera A. (Ce ne sono 6!)

Write and pronounce the letter A

A

A

A

A

A

A

A

Scrivi e pronuncia la lettera A

TRACE AND COLOR THE ANT

Ricalca e colora la formica!

Caccia alla lettera B!

Letter Hunt

Find and color the letter B

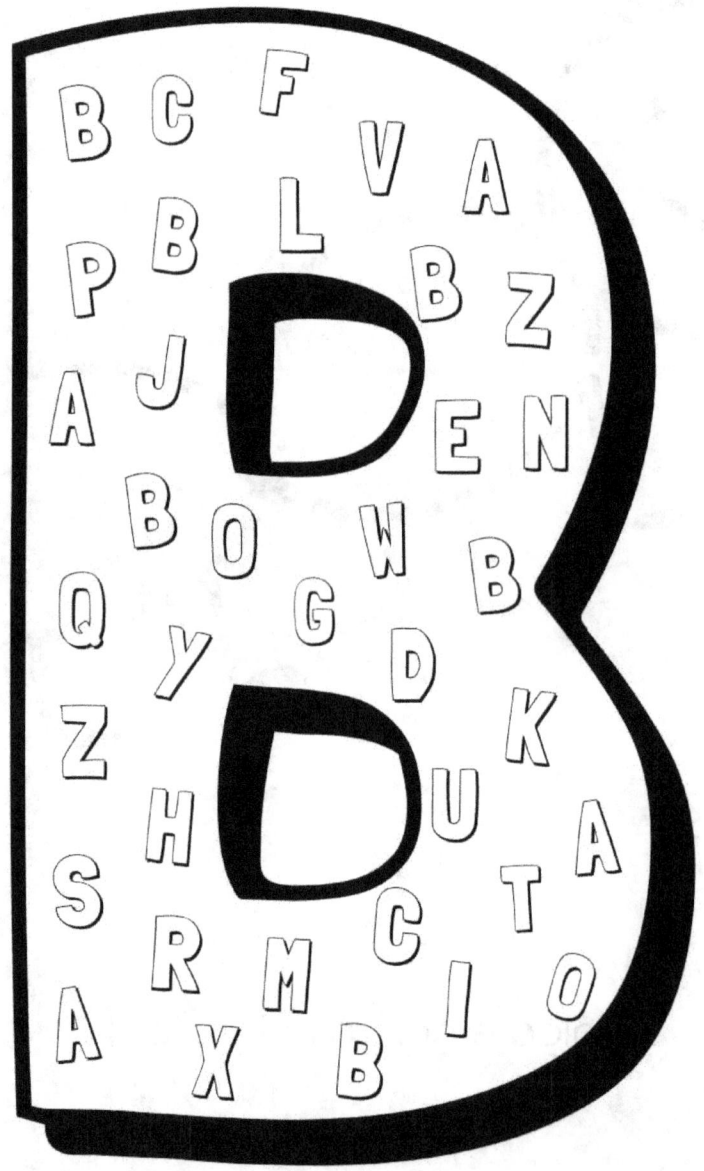

Trova e colora la lettera B. (Ce ne sono 6!)

Write and pronounce the letter B

B

B

B

B

B

B

B

Scrivi e pronuncia la lettera B

TRACE AND COLOR THE BEAR

Ricalca e colora l'orso!

Caccia alla lettera C!

Letter Hunt

Find and color the letter C

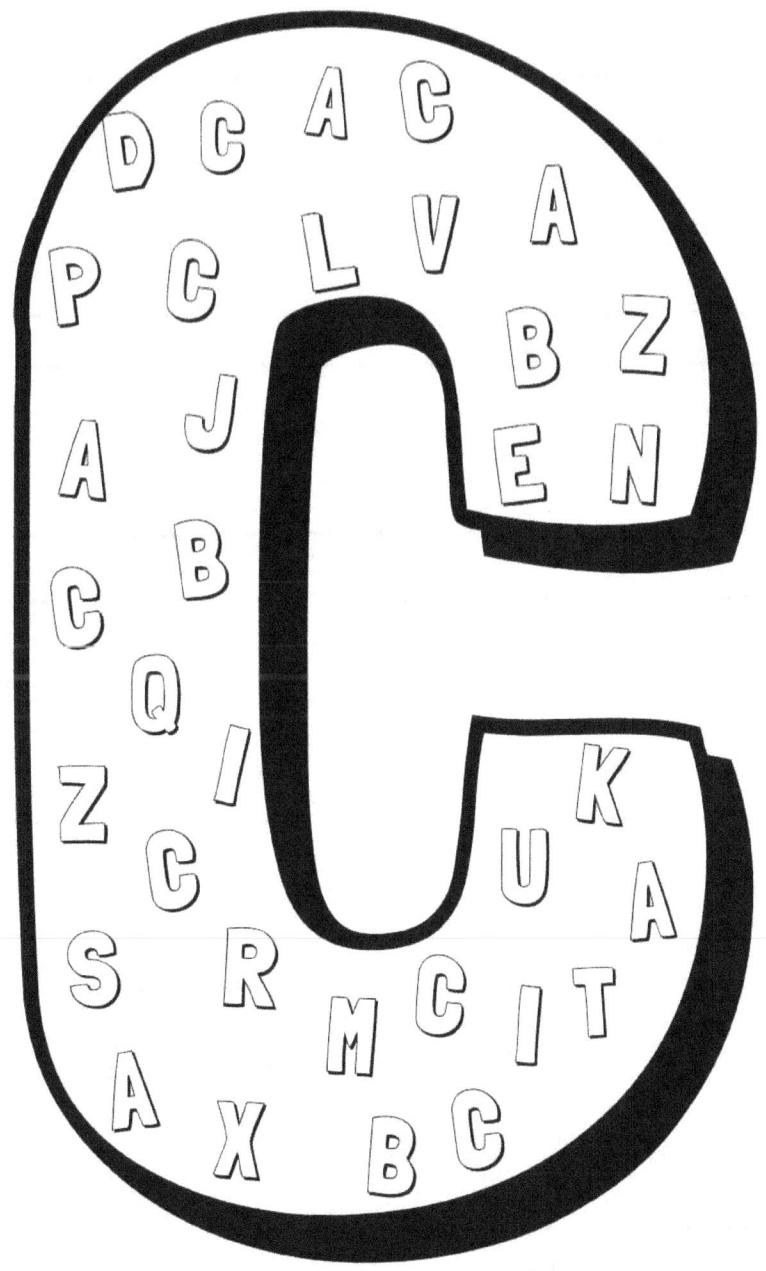

Trova e colora la lettera C. (Ce ne sono 7!)

Write and pronounce letter C

C

C

C

C

C

C

Scrivi e pronuncia la lettera C

TRACE AND COLOR THE COW

Ricalca e colora la mucca!

Caccia alla lettera D!

Letter Hunt

Find and color the letter D

Trova e colora la lettera D. (Ce ne sono 7!)

Write and pronounce the letter D

D

D

D

D

D

D

D

Scrivi e pronuncia la lettera D

TRACE AND COLOR THE DUCK

Ricalca e colora l'anatra!

Caccia alla lettera E!

Letter Hunt

Find and color the letter E

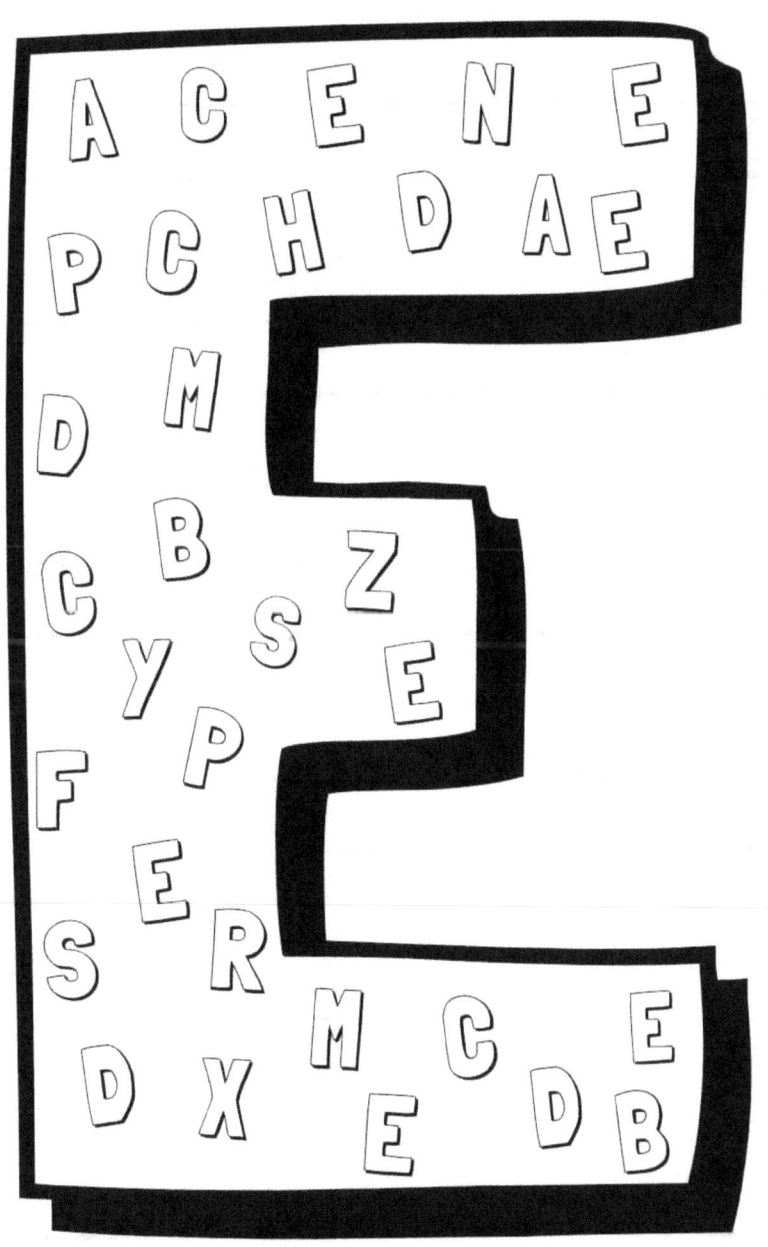

Trova e colora la lettera E! (Ce ne sono 7!)

Write and pronounce the letter E

E

E

E

E

E

E

Scrivi e pronuncia la lettera E

TRACE AND COLOR THE EGGPLANT

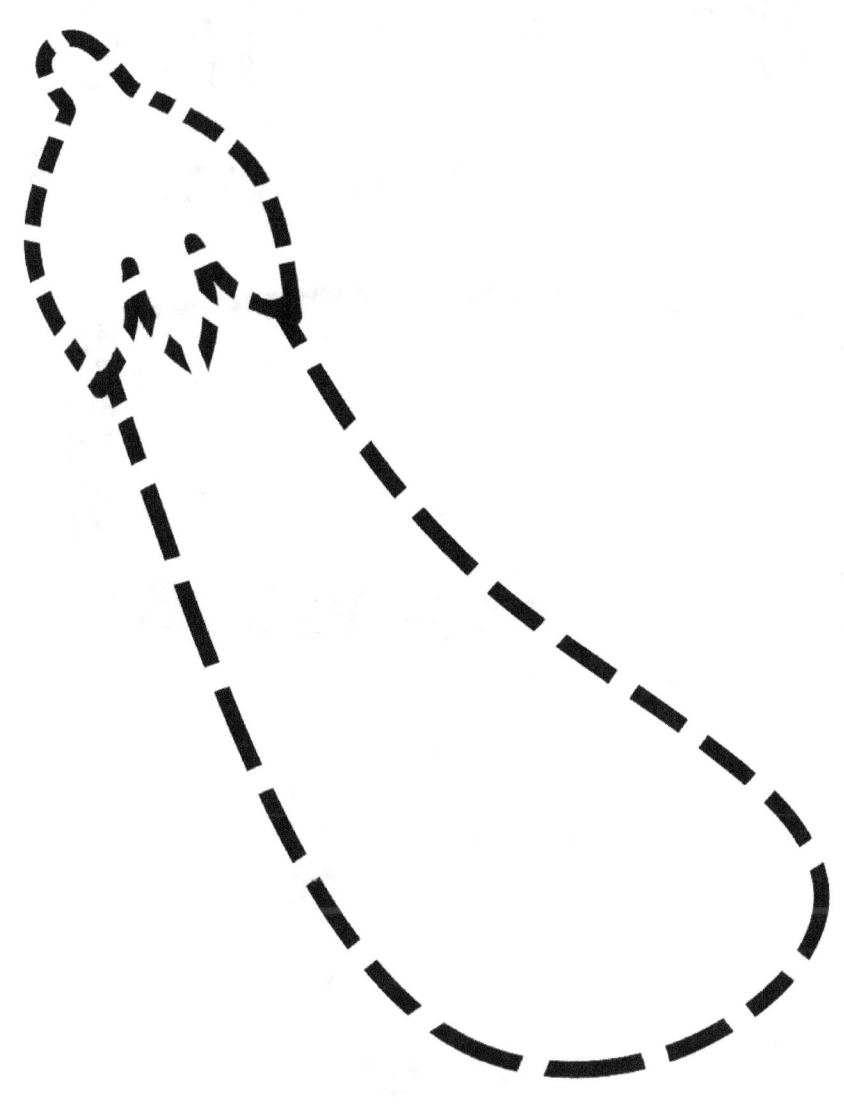

Ricalca e colora la melanzana!

Caccia alla lettera F!

Letter Hunt

Find and color the letter F

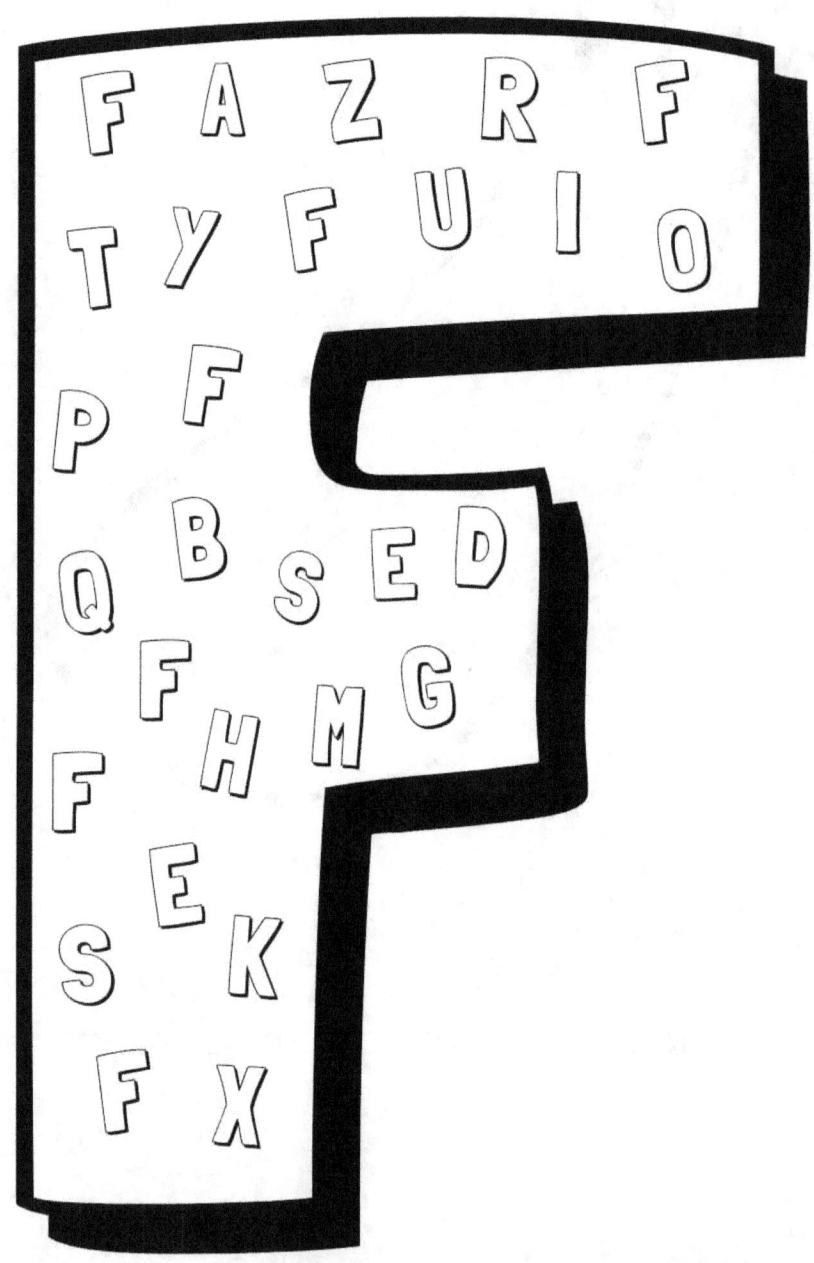

Trova e colora la lettera F. (Ce ne sono 7!)

Write and pronounce the letter F

F

F

F

F

F

F

F

Scrivi e pronuncia la lettera F

TRACE AND COLOR THE FARM

Ricalca e colora la fattoria!

Caccia alla lettera G!

Letter Hunt

Find and color the letter G

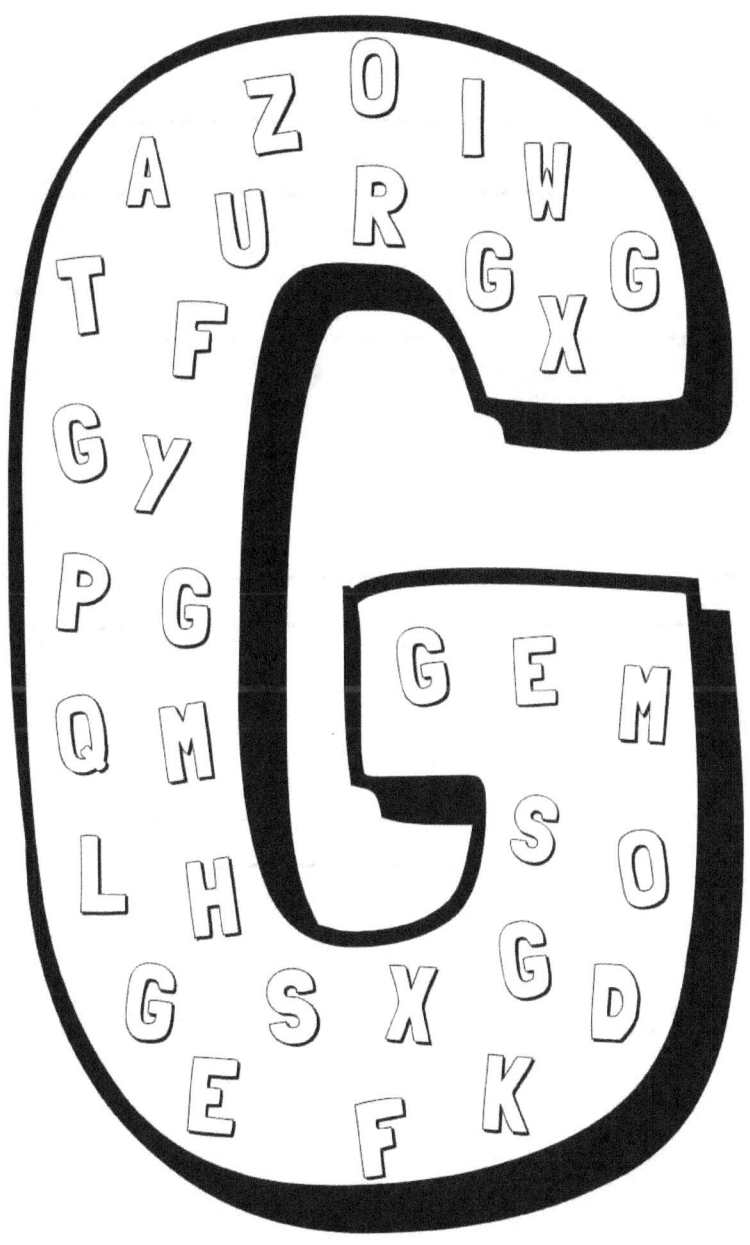

Ricalca e colora la lettera G! (Ce ne sono 7)

Write and pronounce the letter G

G

G

G

G

G

G

G

Scrivi e pronuncia la lettera G

TRACE AND COLOR THE GOAT

Ricalca e colora la capra!

Caccia alla lettera H!

Letter Hunt

Find and color the letter H

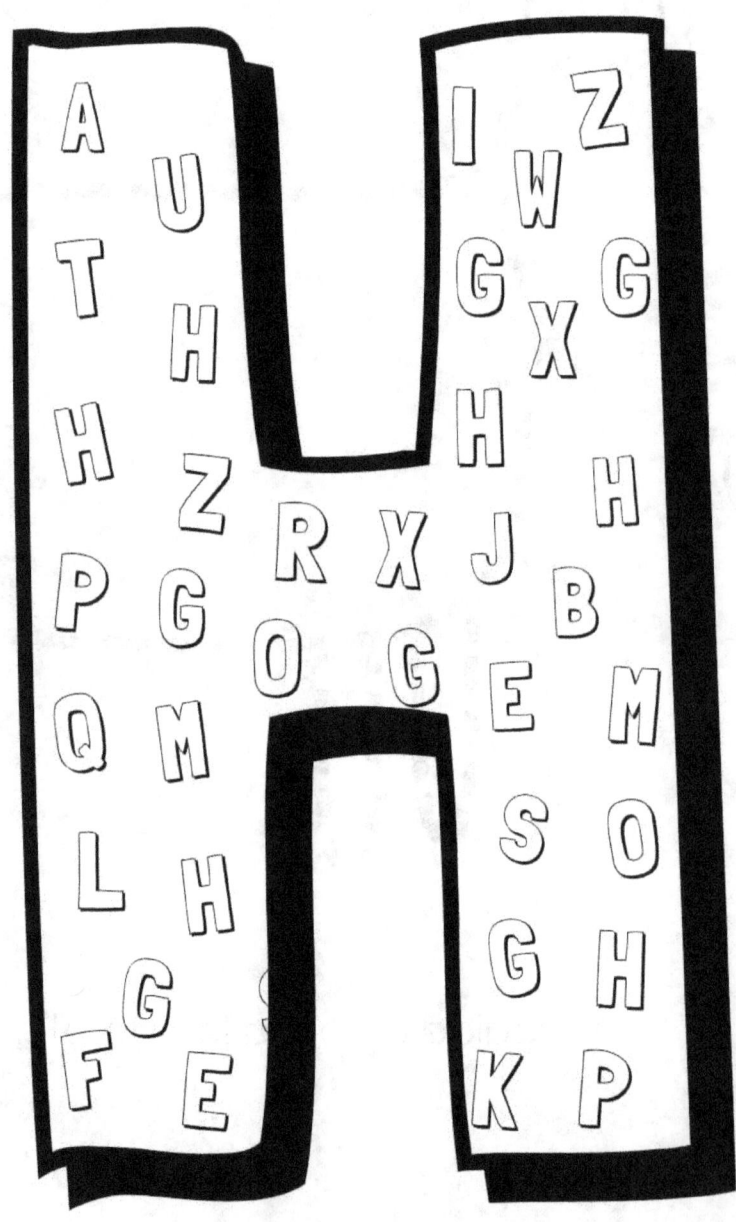

Ricalca e colora la lettera H! (Ce ne sono 7)

Write and pronounce the letter H

H

H

H

H

H

H

H

Scrivi e pronuncia la lettera H

TRACE AND COLOR THE HEN

Ricalca e colora la gallina!

Caccia alla lettera I!

Letter Hunt

Find and color the letter I

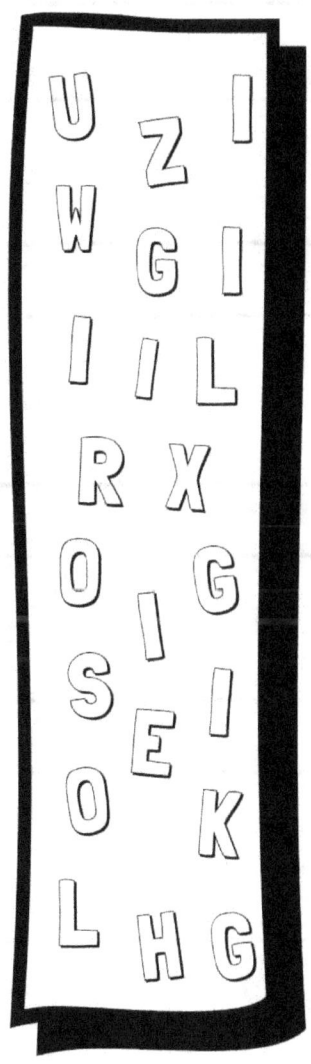

Ricalca e colora la lettera I! (Ce ne sono 7)

Write and pronounce the letter I

I

I

I

I

I

I

I

Scrivi e pronuncia la lettera I

TRACE AND COLOR THE ICE-CREAM

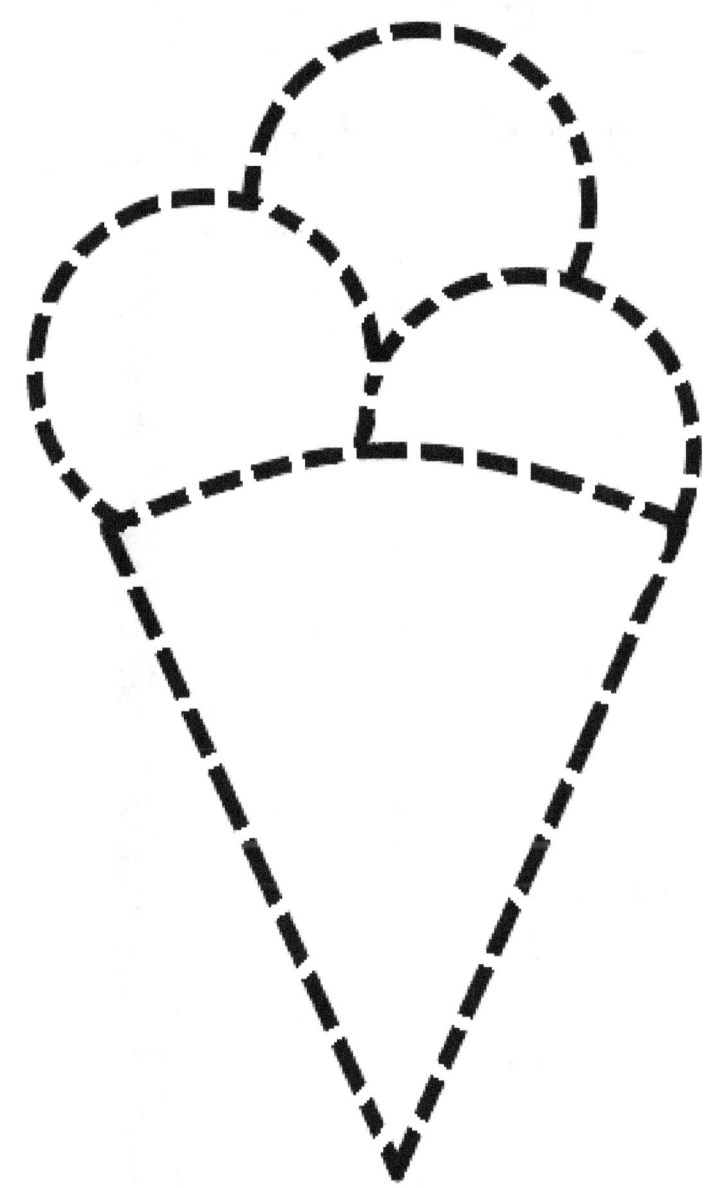

Ricalca e colora il gelato!

Caccia alla lettera J!

Letter Hunt
Find and color the letter J

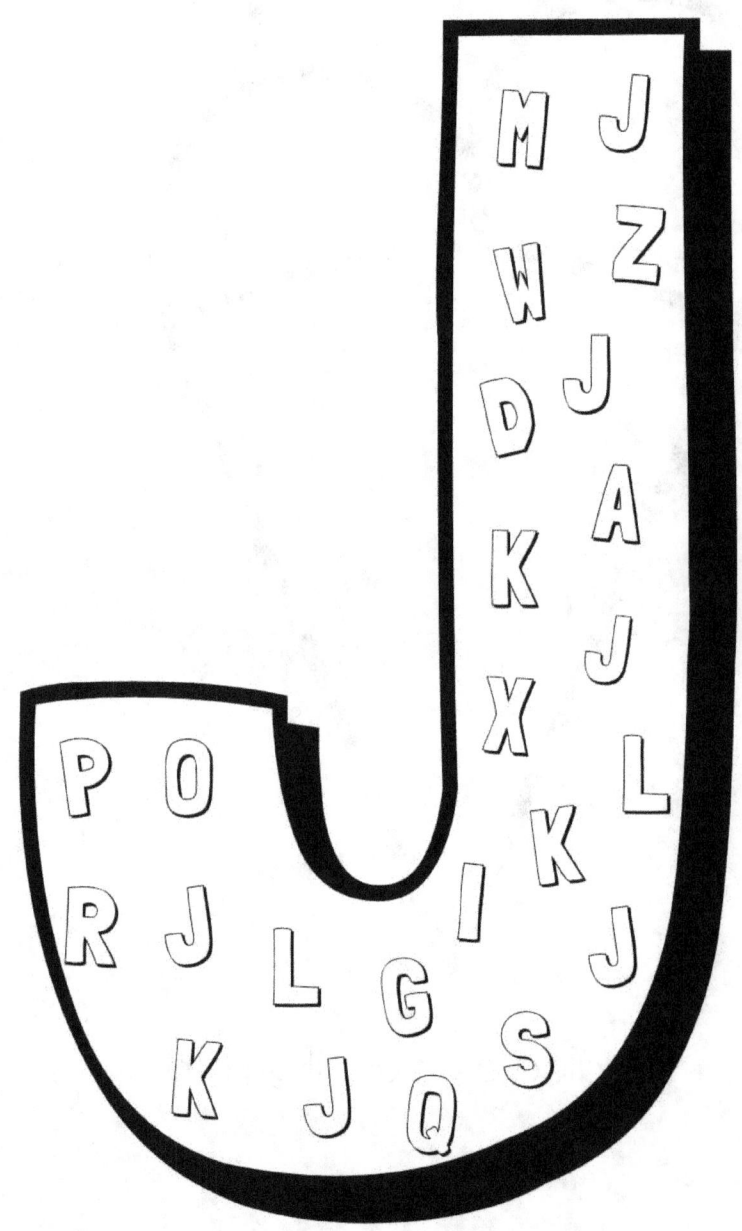

Ricalca e colora la lettera J! (Ce ne sono 6)

Write and pronounce the letter J

J

J

J

J

J

J

J

Scrivi e pronuncia la lettera J

TRACE AND COLOR THE JELLYFISH

Ricalca e colora la medusa!

Caccia alla lettera K!

Letter Hunt
Find and color the letter K

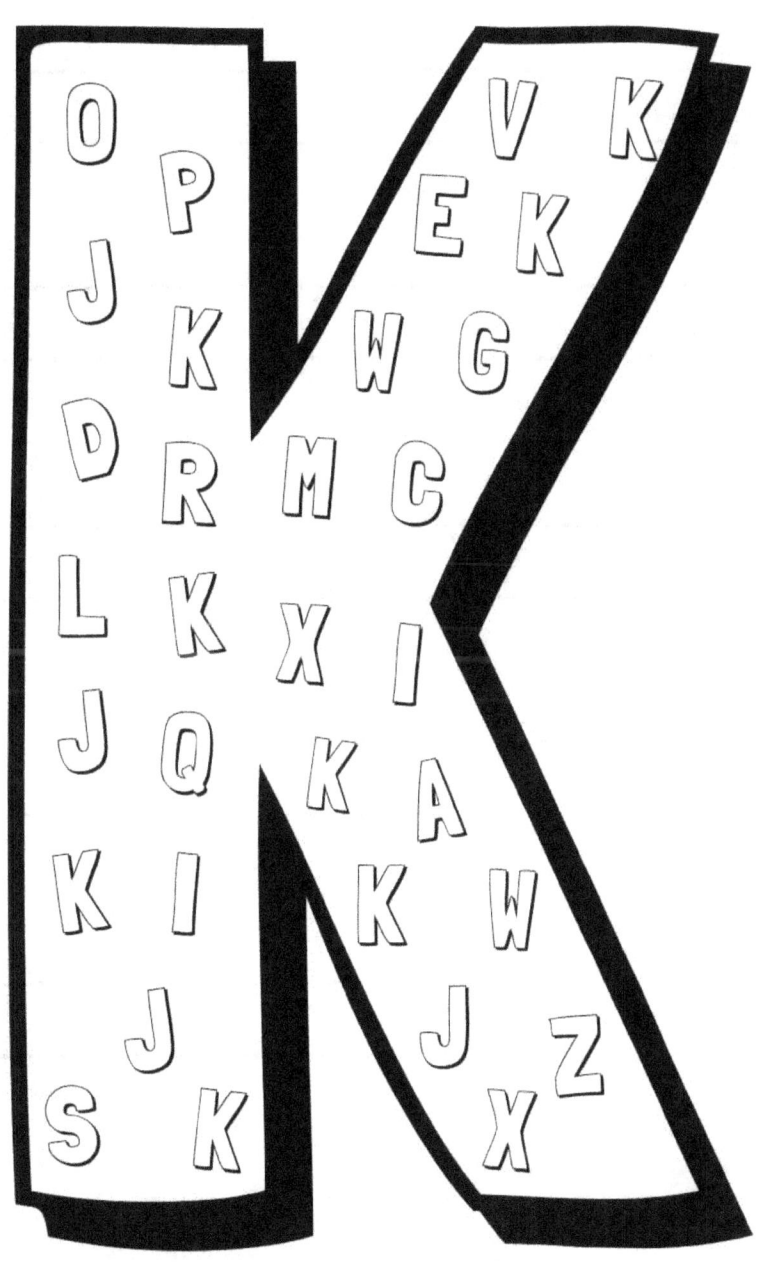

Ricalca e colora la lettera K! (Ce ne sono 8)

Write and pronounce the letter K

K

K

K

K

K

K

K

Scrivi e pronuncia la lettera K

TRACE AND COLOR THE KOALA

Ricalca e colora il koala!

Caccia alla lettera L!

Letter Hunt
Find and color the letter L

Ricalca e colora la lettera L! (Ce ne sono 5)

Write and pronounce the letter L

L

L

L

L

L

L

L

Scrivi e pronuncia la lettera L

TRACE AND COLOR THE LEMON

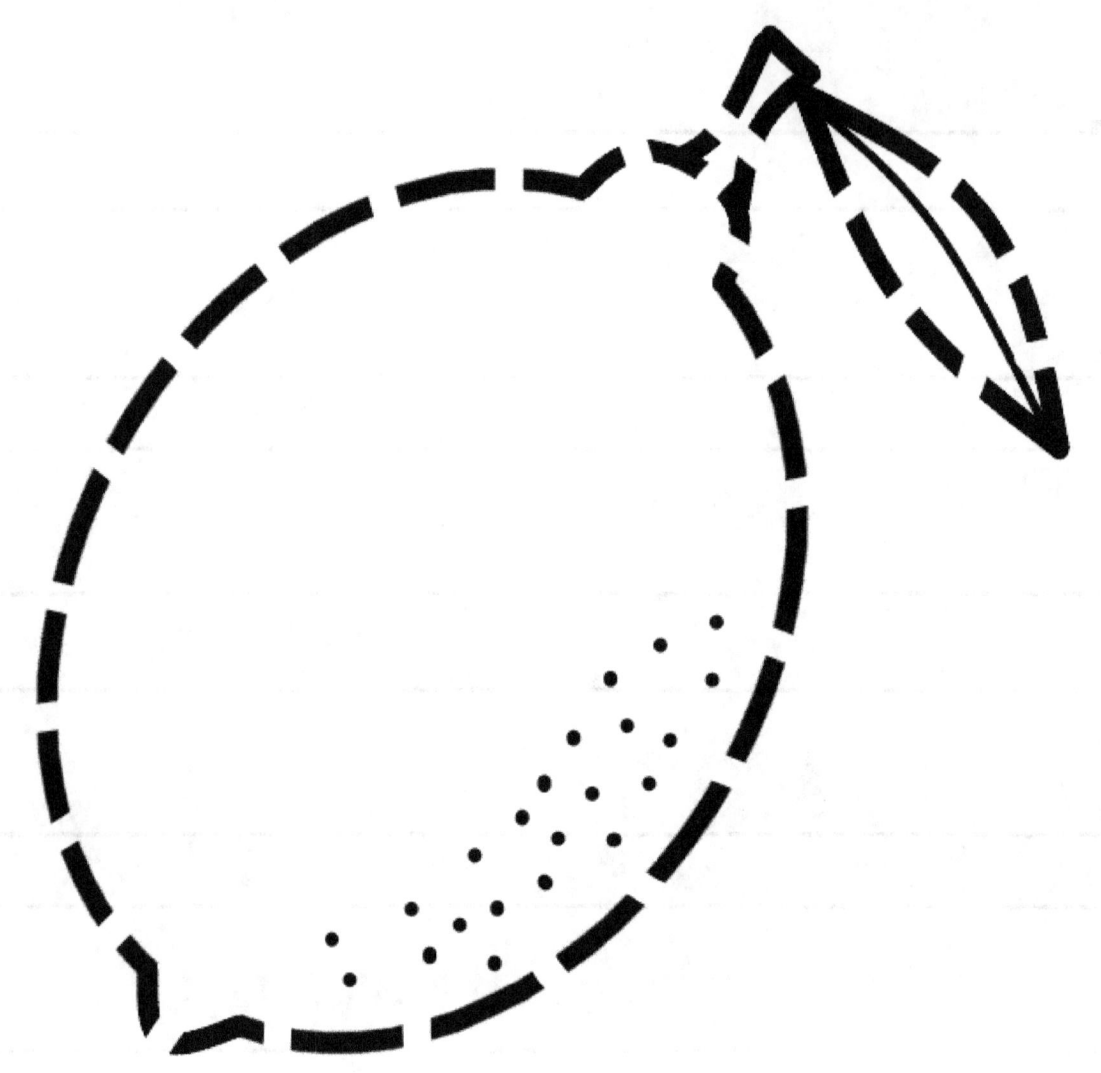

Ricalca e colora il limone!

Caccia alla lettera M!

Letter Hunt
Find and color the letter M

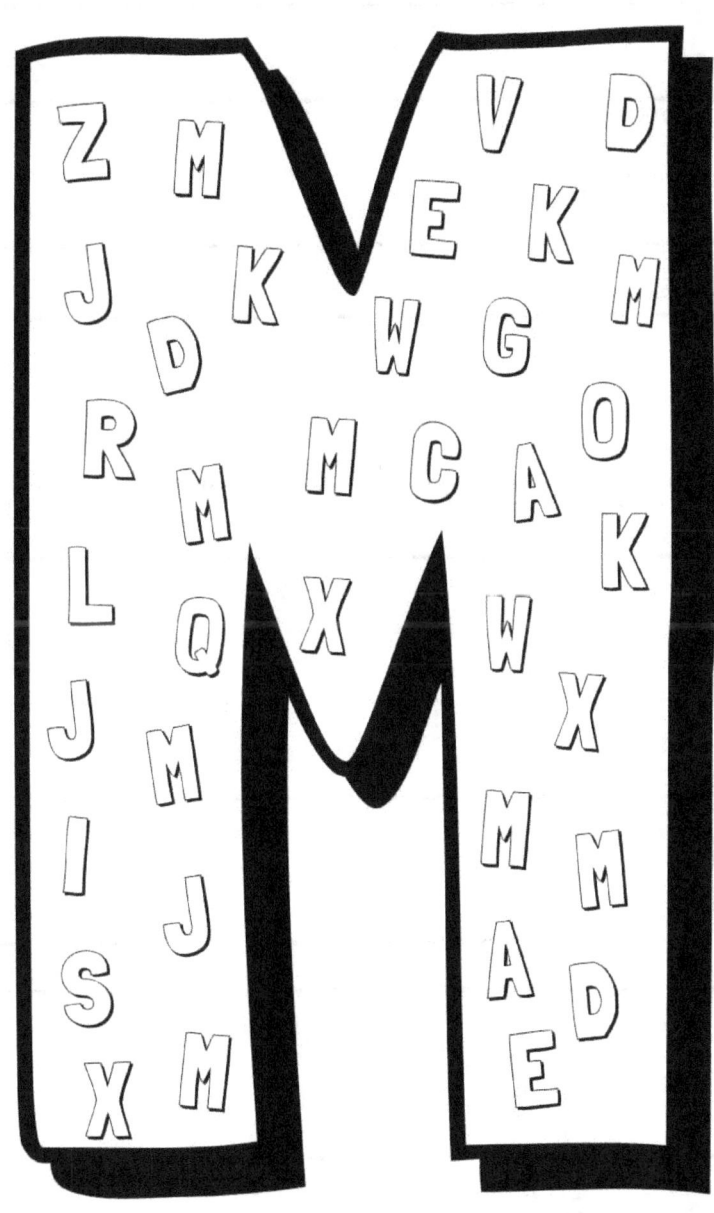

Ricalca e colora la lettera M! (Ce ne sono 8!)

Write and pronounce the letter M

M

M

M

M

M

M

M

Scrivi e pronuncia la lettera M

TRACE AND COLOR THE MUSHROOM

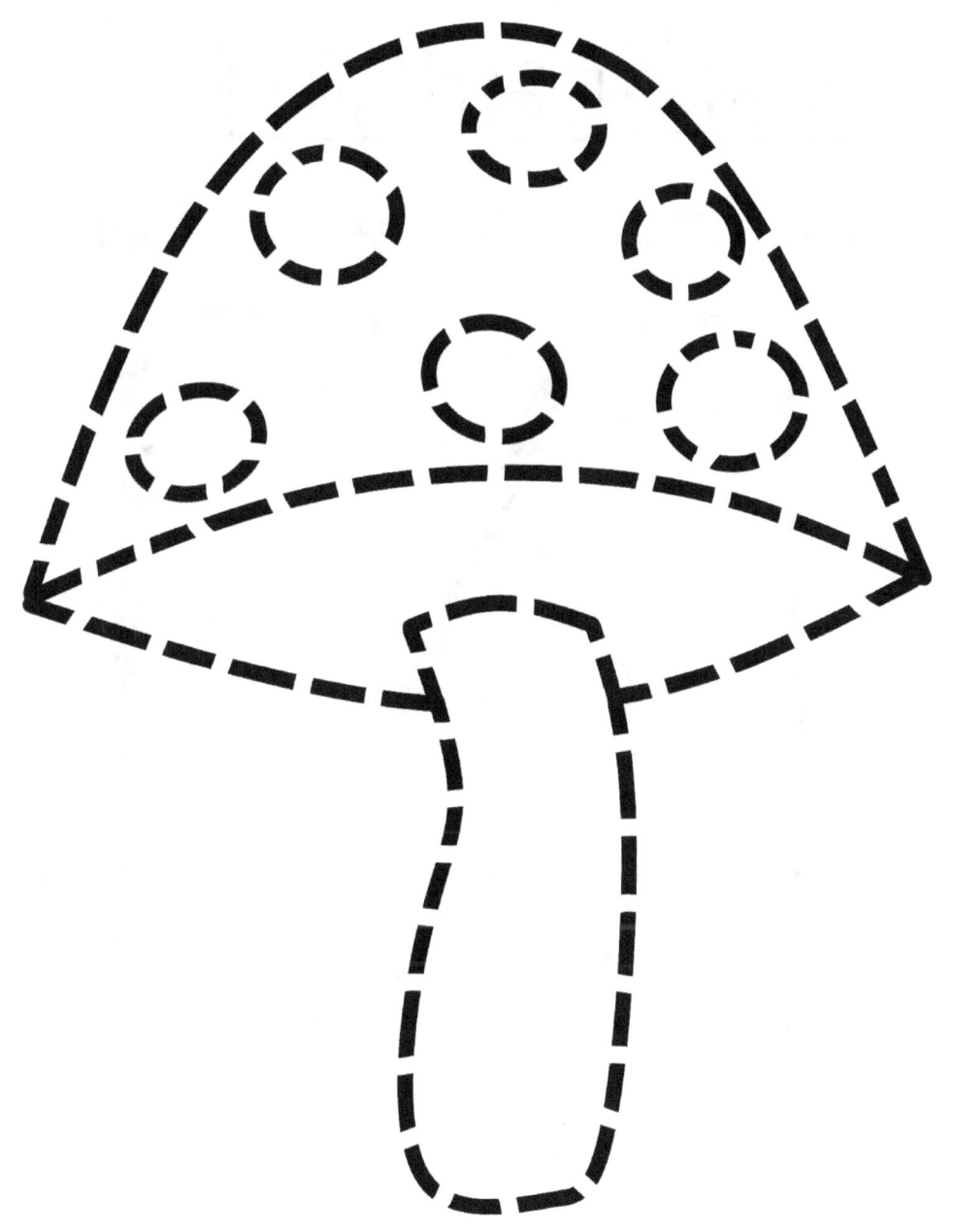

Ricalca e colora il fungo!

Caccia alla lettera N!

Letter Hunt

Find and color the letter N

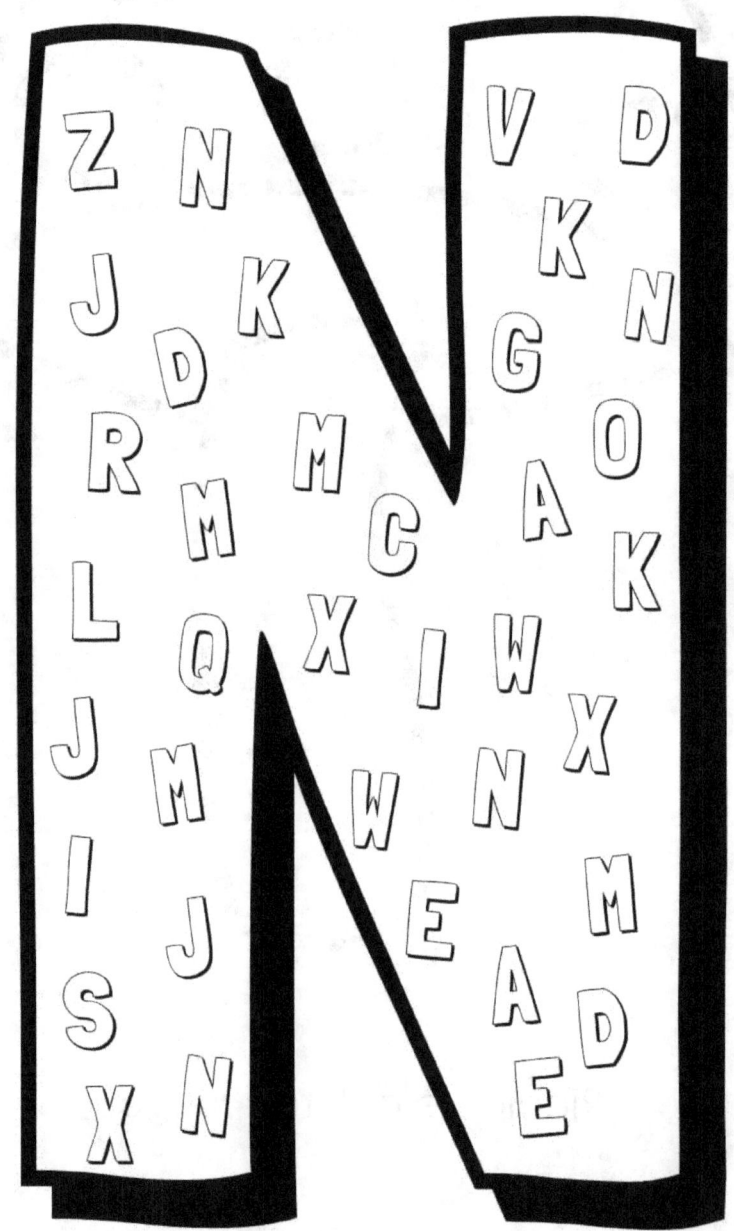

Ricalca e colora la lettera N! (Ce ne sono 4!)

Write and pronounce the letter N

N

N

N

N

N

N

N

Scrivi e pronuncia la lettera N

TRACE AND COLOR THE NIGHTINGALE

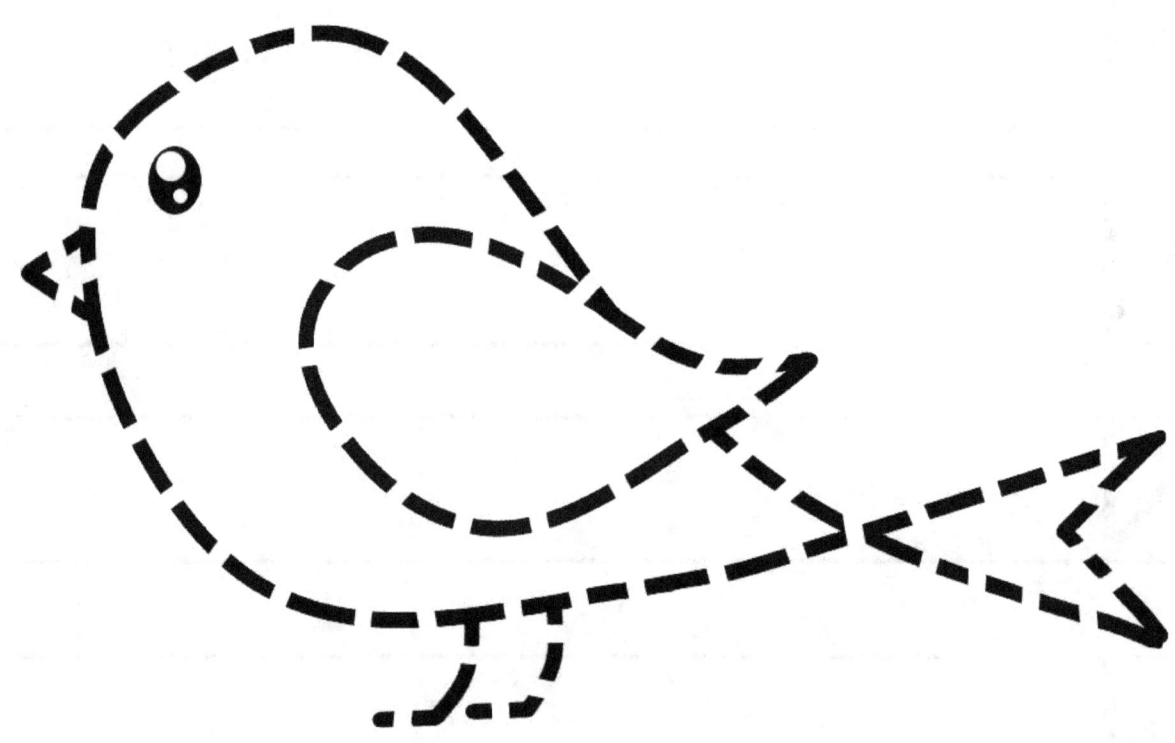

Ricalca e colora l'usignolo!

Caccia alla lettera O!

Letter Hunt

Find and color the letter O

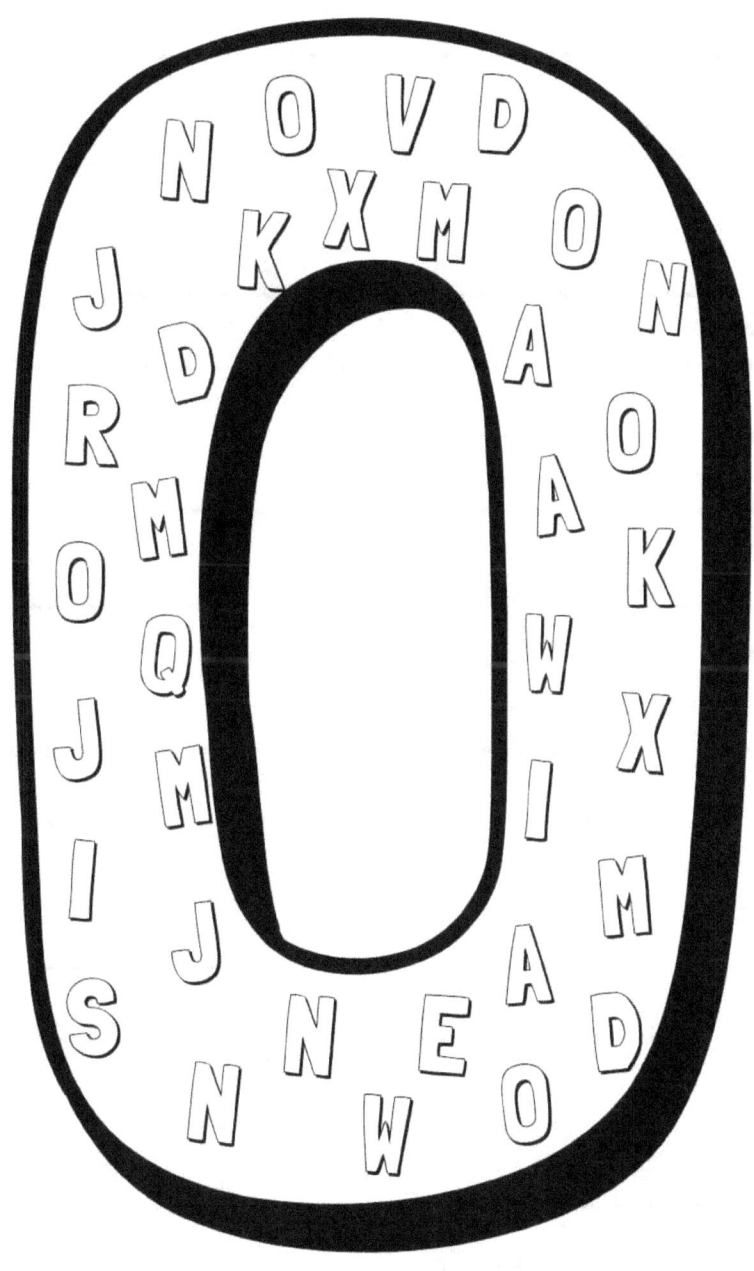

Ricalca e colora la lettera O! (Ce ne sono 5!)

Write and pronounce the letter O

O

O

O

O

O

O

O

Scrivi e pronuncia la lettera O

TRACE AND COLOR THE ONION

Ricalca e colora la cipolla!

Caccia alla lettera P!

Letter Hunt

Find and color the letter P

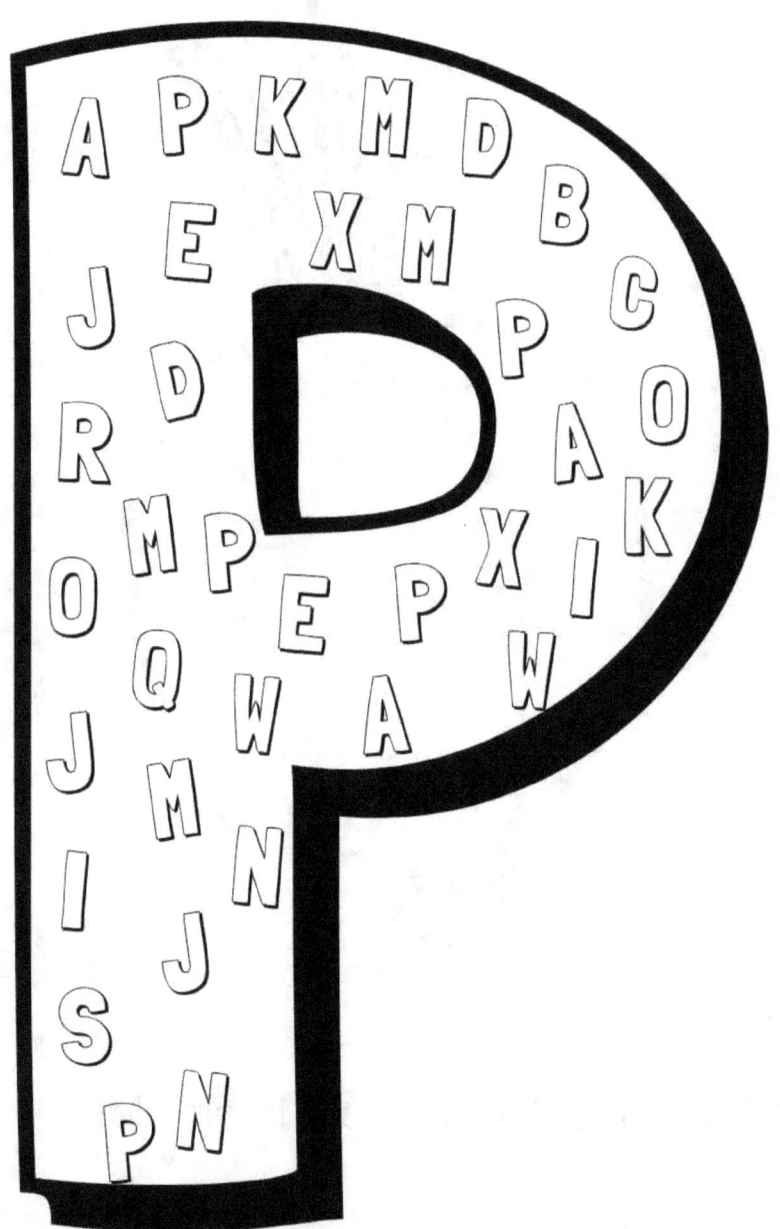

Ricalca e colora la lettera P! (Ce ne sono 5!)

Write and pronounce the letter P

P

P

P

P

P

P

P

Scrivi e pronuncia la lettera P

TRACE AND COLOR THE PIG

Ricalca e colora il maiale!

Caccia alla lettera Q!

Letter Hunt
Find and color the letter Q

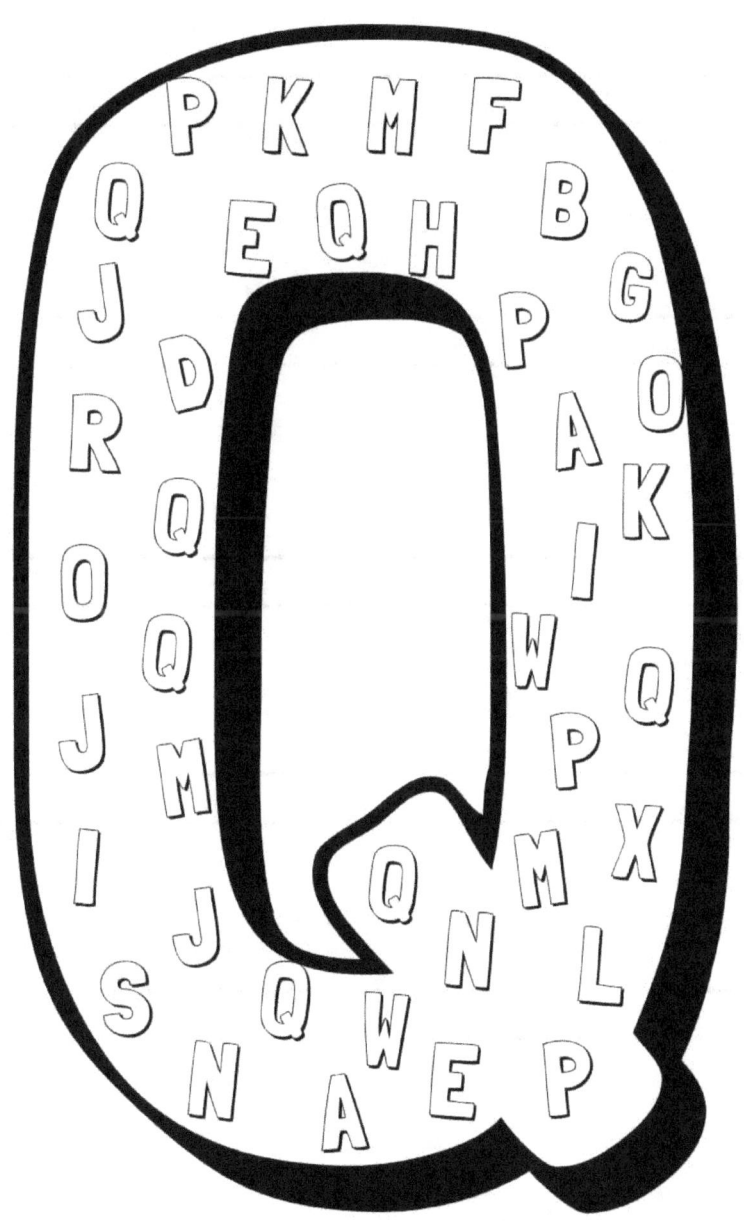

Ricalca e colora la lettera Q! (Ce ne sono 7!)

Write and pronounce the letter Q

Q

Q

Q

Q

Q

Q

Q

Scrivi e pronuncia la lettera Q

TRACE AND COLOR THE QUAIL

Ricalca e colora la quaglia!

Caccia alla lettera R!

Letter Hunt

Find and color the letter R

Ricalca e colora la lettera R! (Ce ne sono 6!)

Write and pronounce the letter R

R

R

R

R

R

R

R

Scrivi e pronuncia la lettera R

TRACE AND COLOR THE RABBIT

Ricalca e colora il coniglio!

Caccia alla lettera S!

Letter Hunt

Find and color the letter S

Ricalca e colora la lettera S! (Ce ne sono 5!)

Write and pronounce the letter S

S

S

S

S

S

S

S

Scrivi e pronuncia la lettera S

TRACE AND COLOR THE STRAWBERRY

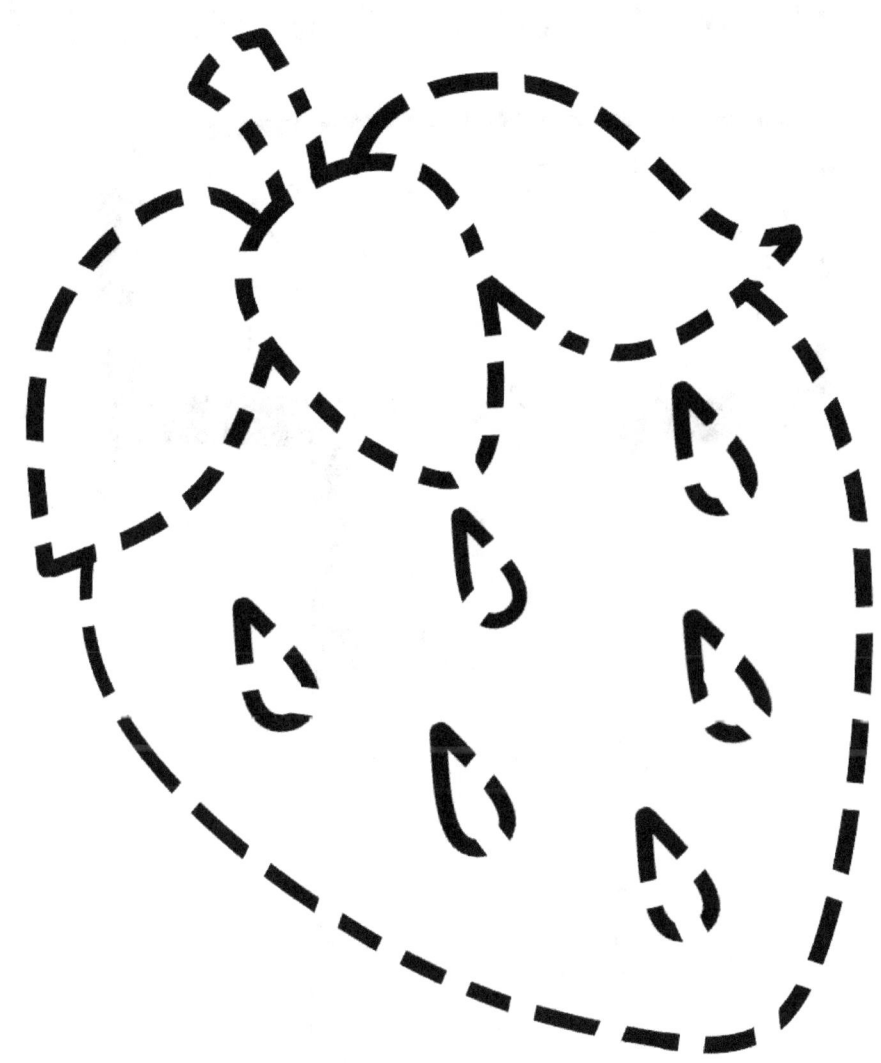

Ricalca e colora la fragola!

Caccia alla lettera T!

Letter Hunt

Find and color the letter T

Ricalca e colora la lettera T! (Ce ne sono 6!)

Write and pronounce the letter T

T

T

T

T

T

T

T

Scrivi e pronuncia la lettera T

TRACE AND COLOR THE TREE

Ricalca e colora l'albero!

Caccia alla lettera U!
Letter Hunt
Find and color the letter U

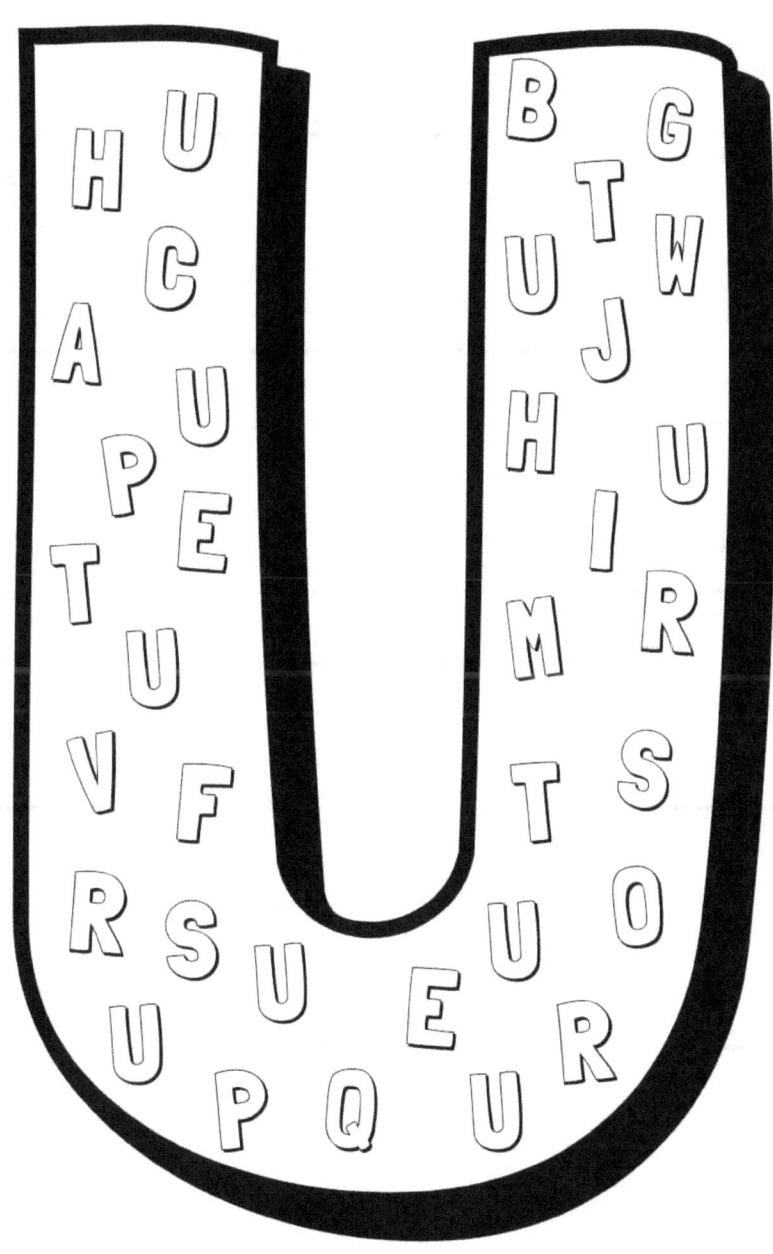

Ricalca e colora la lettera U! (Ce ne sono 9!)

Write and pronounce the letter U

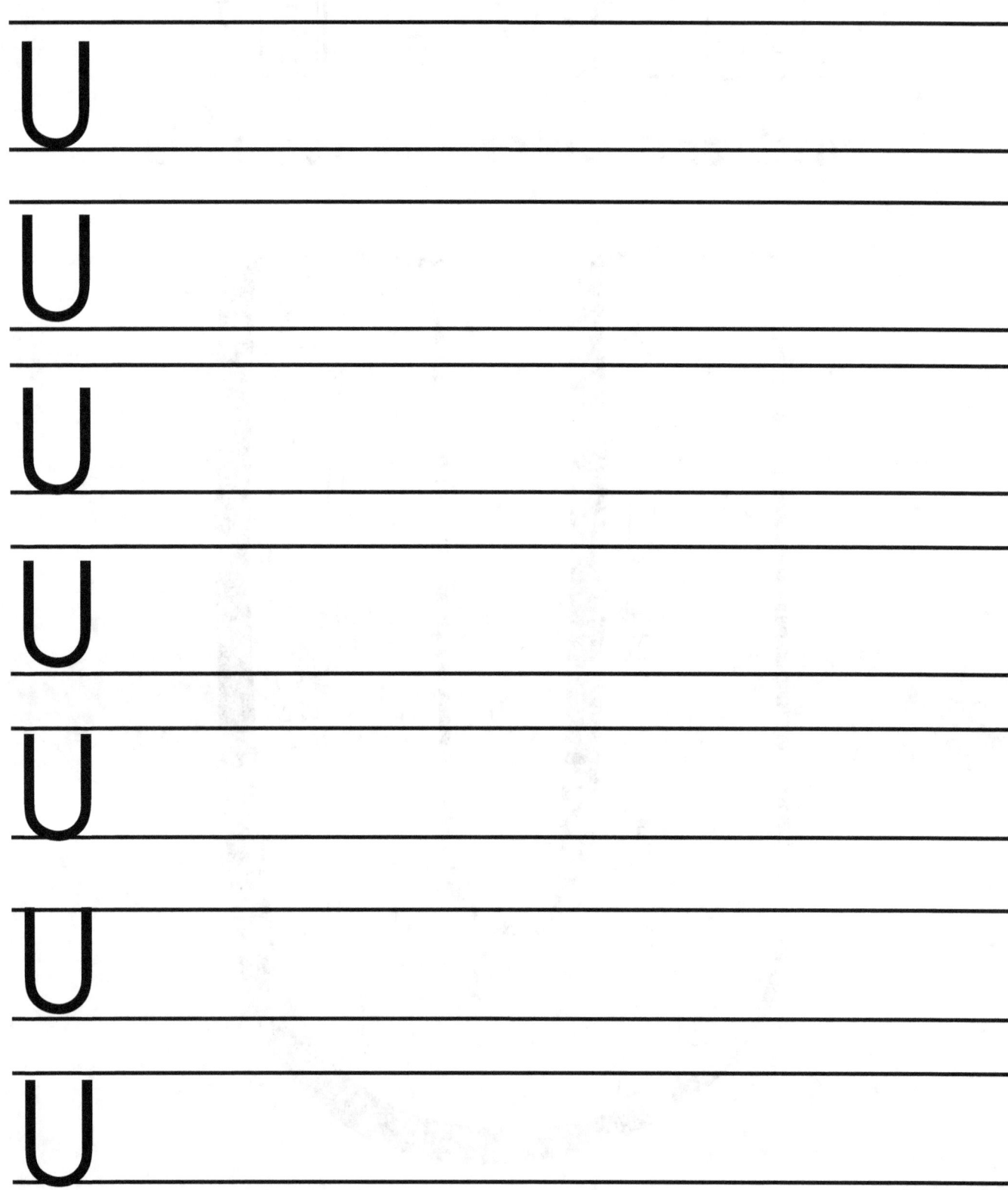

Scrivi e pronuncia la lettera U

TRACE AND COLOR THE UNICORN

Ricalca e colora l'unicorno!

Caccia alla lettera U!

Letter Hunt

Find and color the letter V

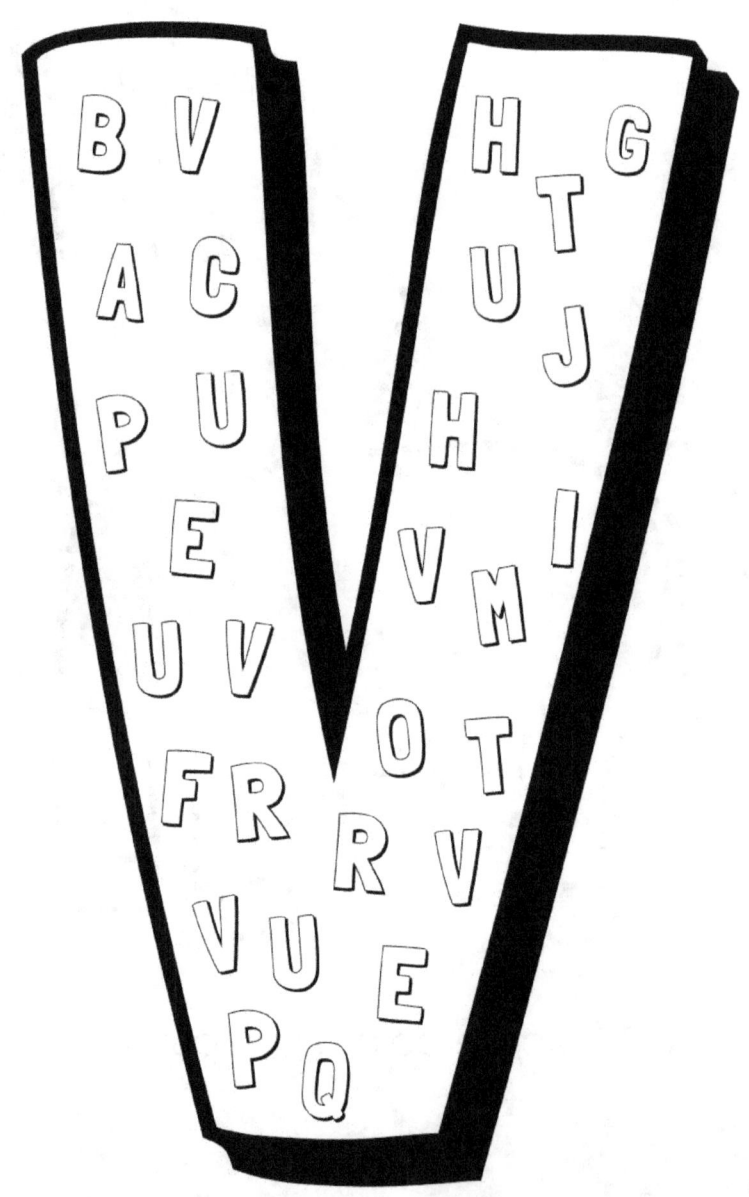

Ricalca e colora la lettera V! (Ce ne sono 5!)

Write and pronounce the letter V

V

V

V

V

V

V

V

Scrivi e pronuncia la lettera V

TRACE AND COLOR THE VANILLA

Ricalca e colora la vaniglia!

Caccia alla lettera W!

Letter Hunt

Find and color the letter W

Ricalca e colora la lettera W! (Ce ne sono 5!)

Write and pronounce the letter W

W

W

W

W

W

W

W

Scrivi e pronuncia la lettera W

TRACE AND COLOR THE WATER-MELON

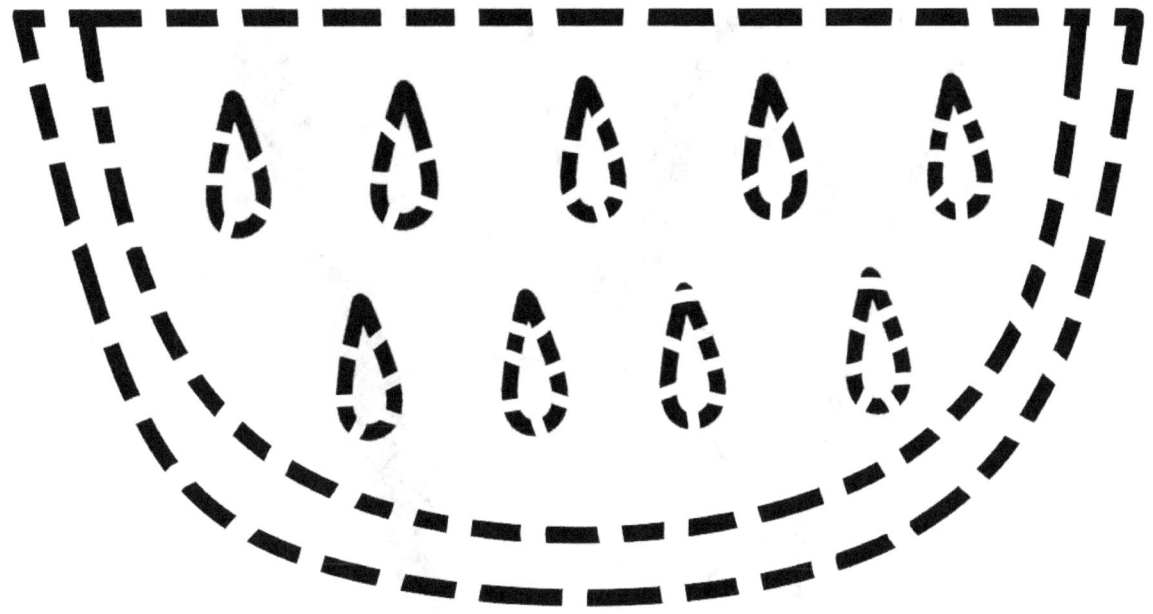

Ricalca e colora l'anguria!

Caccia alla lettera X!

Letter Hunt

Find and color the letter X

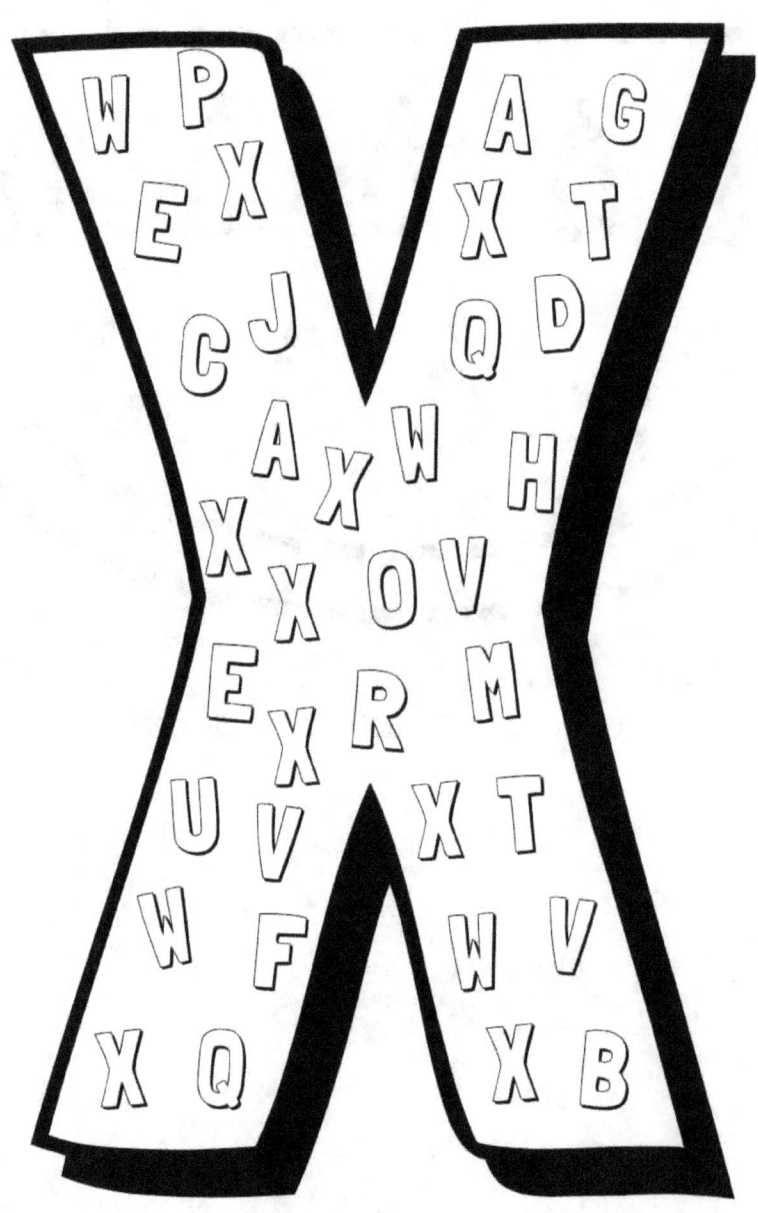

Ricalca e colora la lettera X! (Ce ne sono 9!)

Write and pronounce the letter X

X

X

X

X

X

X

X

Scrivi e pronuncia la lettera X

TRACE AND COLOR THE X-RAY FISH

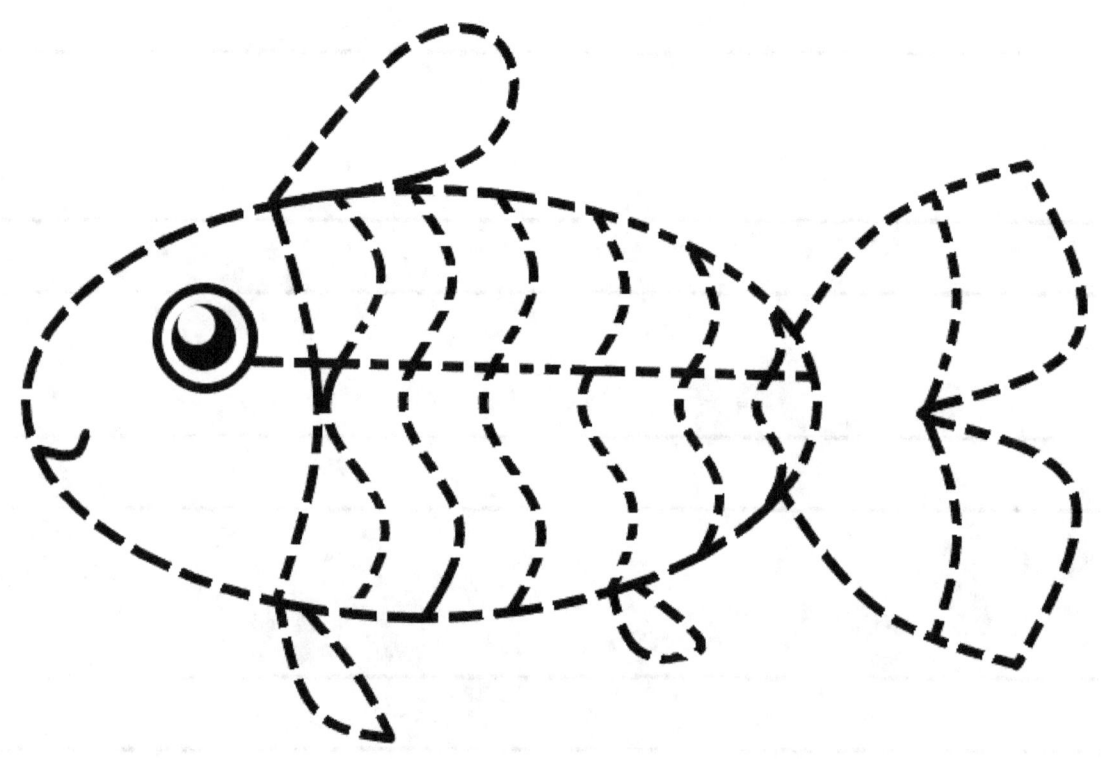

Ricalca e colora il pesce Tetra raggi X!

Caccia alla lettera Y!

Letter Hunt
Find and color the letter Y

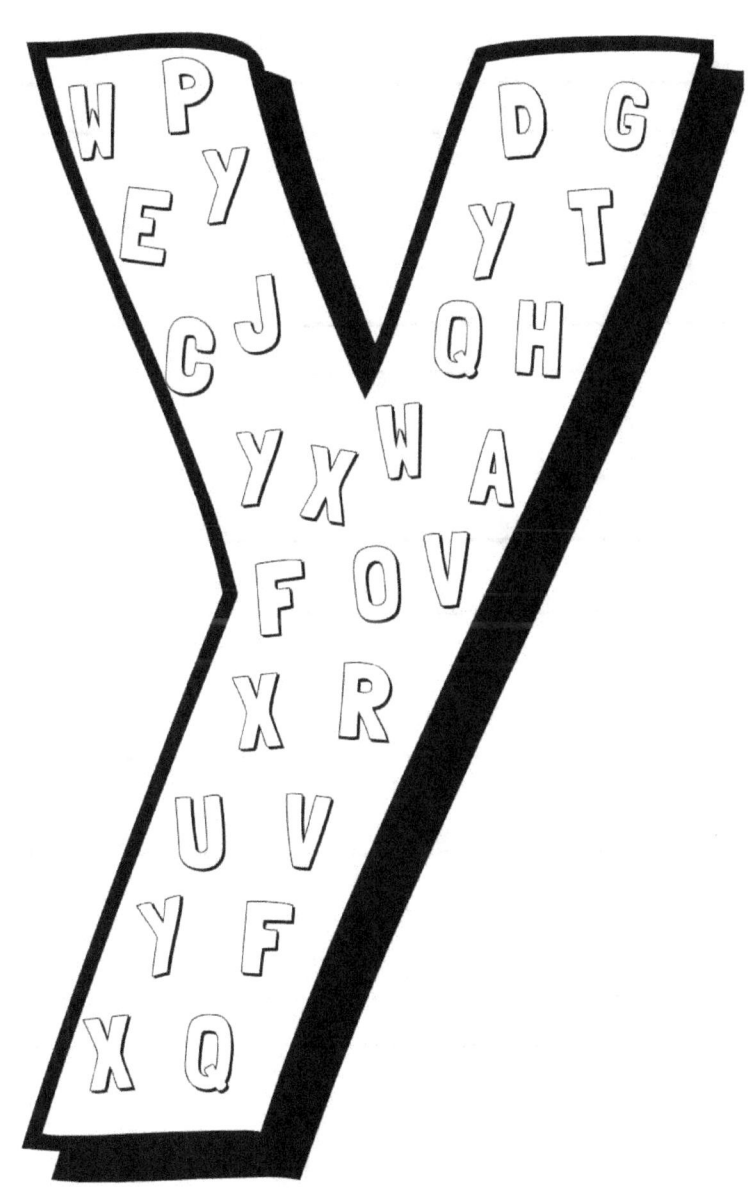

Ricalca e colora la lettera Y! (Ce ne sono 4!)

Write and pronounce the letter Y

Y

Y

Y

Y

Y

Y

Y

Scrivi e pronuncia la lettera Y

TRACE AND COLOR THE YAK

Ricalca e colora lo yak!

Caccia alla lettera Z!

Letter Hunt

Find and color the letter Z

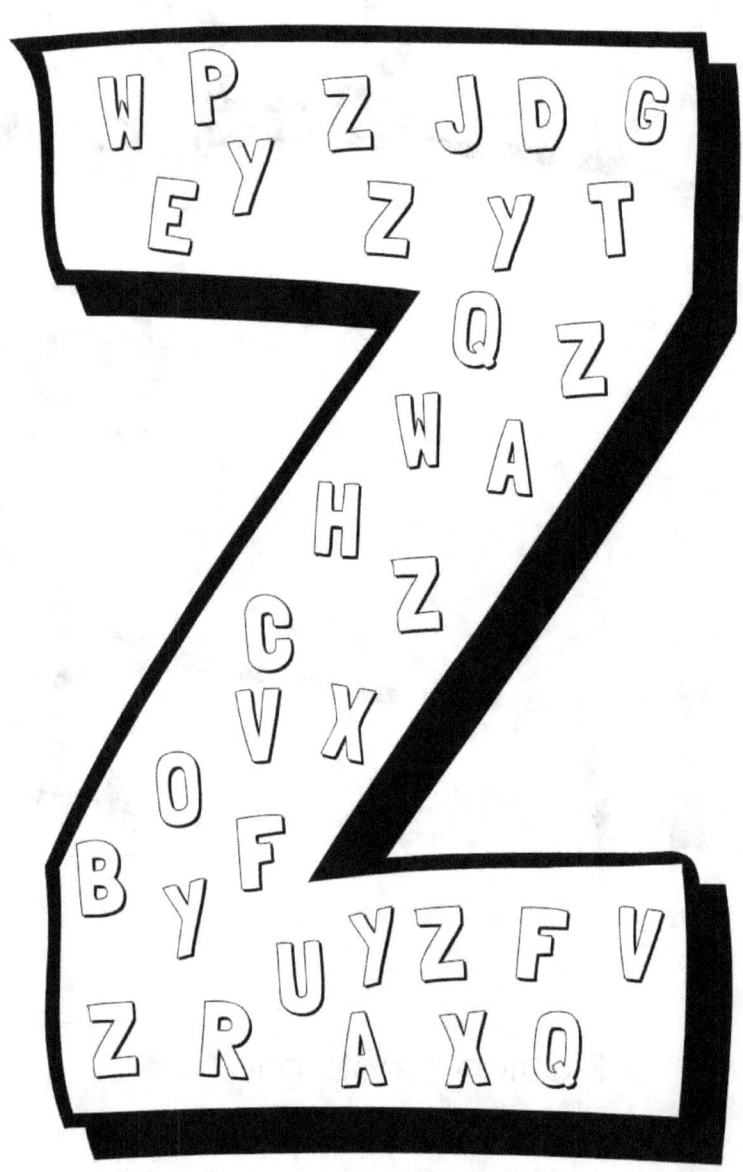

Ricalca e colora la lettera Z! (Ce ne sono 5!)

Write and pronounce the letter Z

Z

Z

Z

Z

Z

Z

Z

Scrivi e pronuncia la lettera Z

TRACE AND COLOR THE ZEBRA

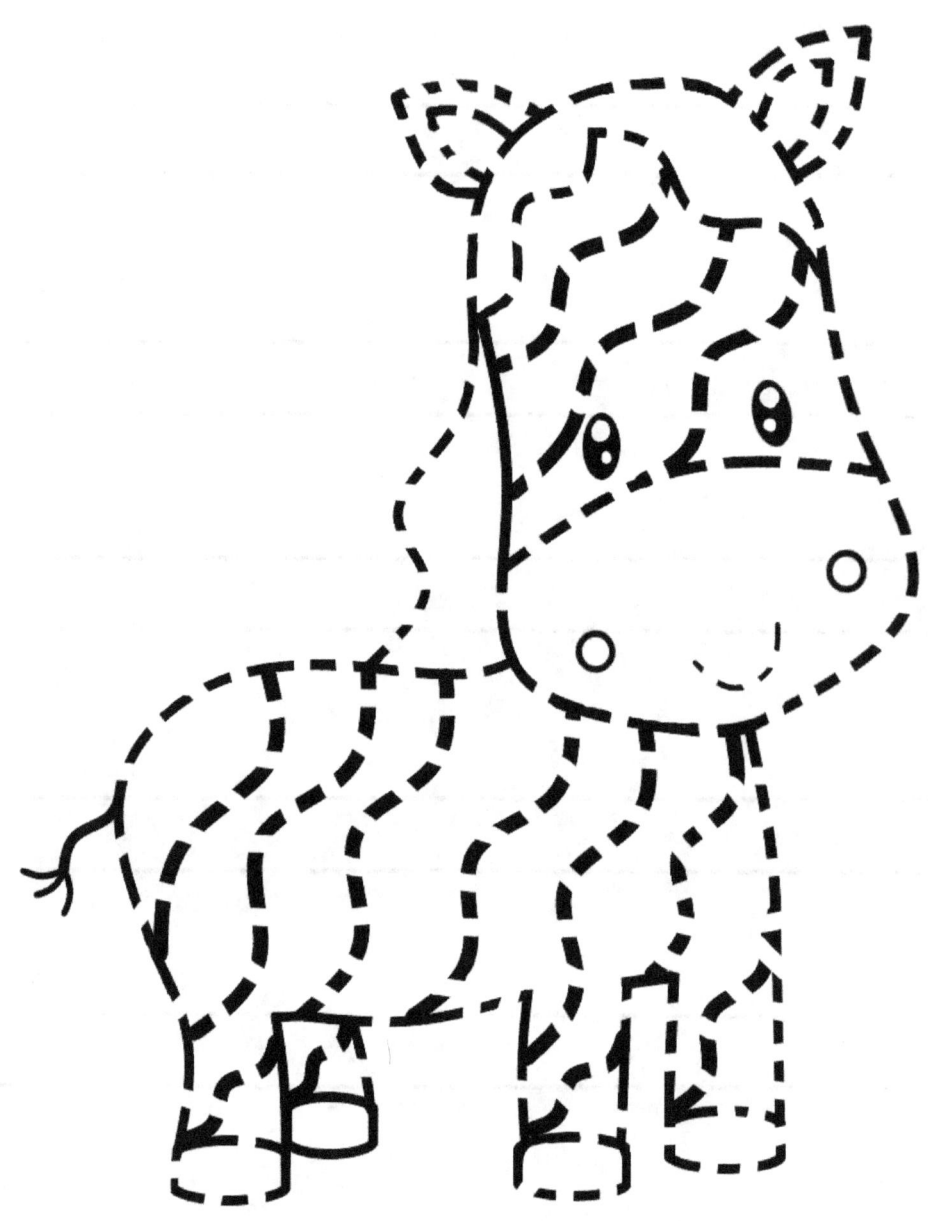

Ricalca e colora la zebra!

IMPARIAMO I NUMERI

Colora i numeri e scrivi.

ZERO

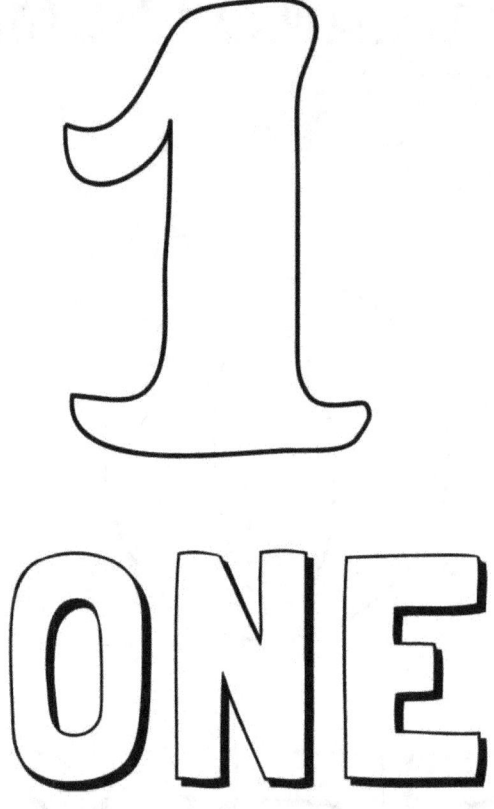

ONE

ONE

TWO

TWO

THREE

THREE

FOUR

FOUR

5

FIVE

FIVE

SIX

SIX

SEVEN

SEVEN

EIGHT

EIGHT

NINE

NINE

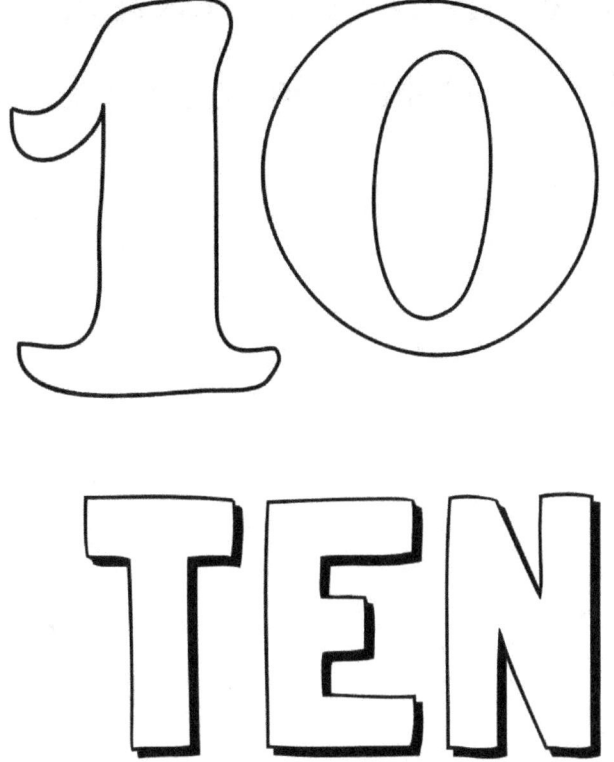

TEN

IMPARIAMO I COLORI

Colora ogni stellina con il colore corrispondente.

RED – ROSSO

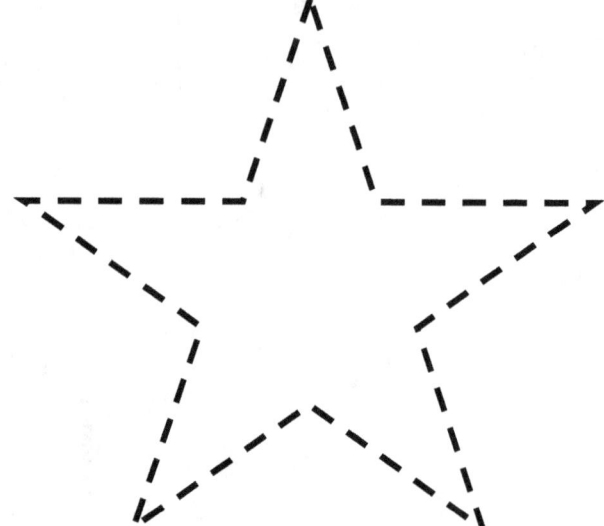

PINK - ROSA

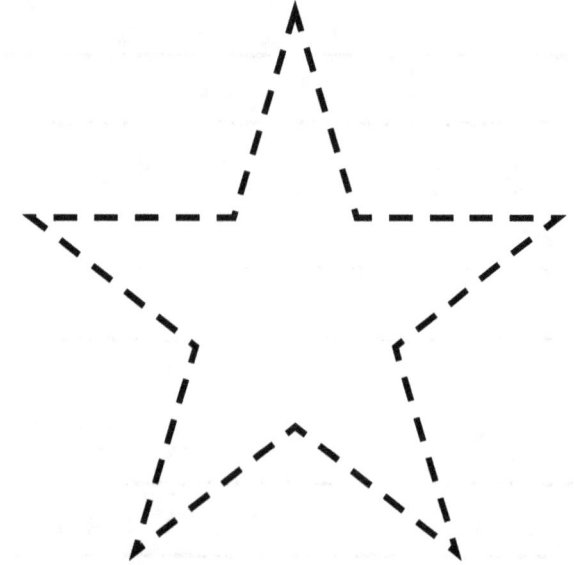

YELLOW – GIALLO

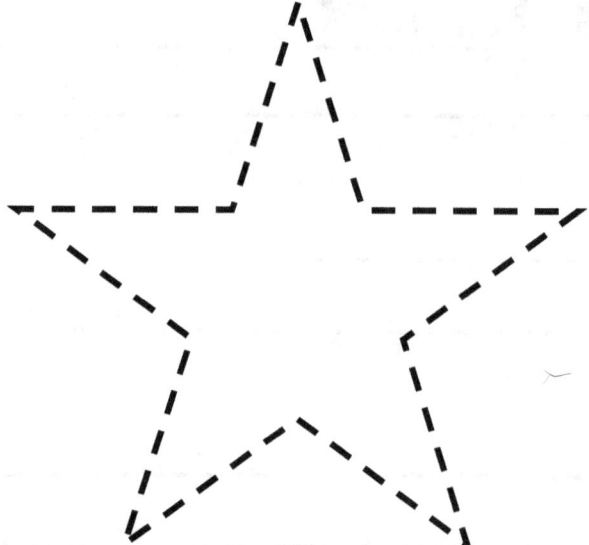

BROWN - MARRONE

ORANGE – ARANCIONE

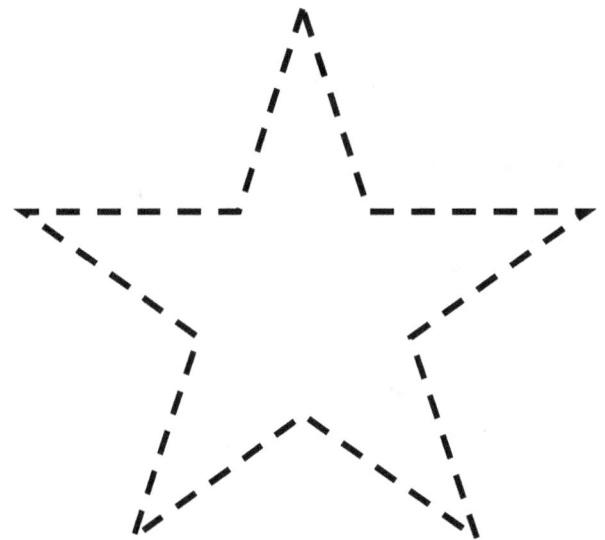

GREEN - VERDE

BLUE – BLU

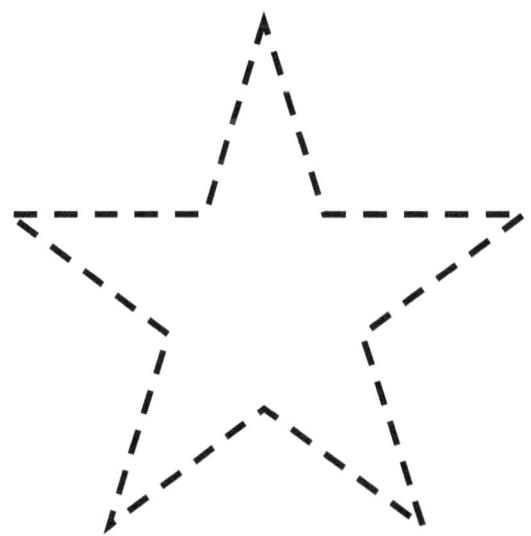

PURPLE – VIOLA

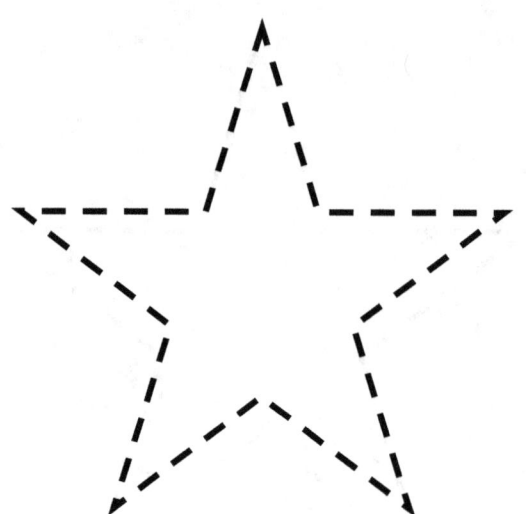

WHITE – BIANCO

BLACK - NERO

COLORA L'ARCOBALENO!

Gira il libro e colora questo simpatico arcobaleno!

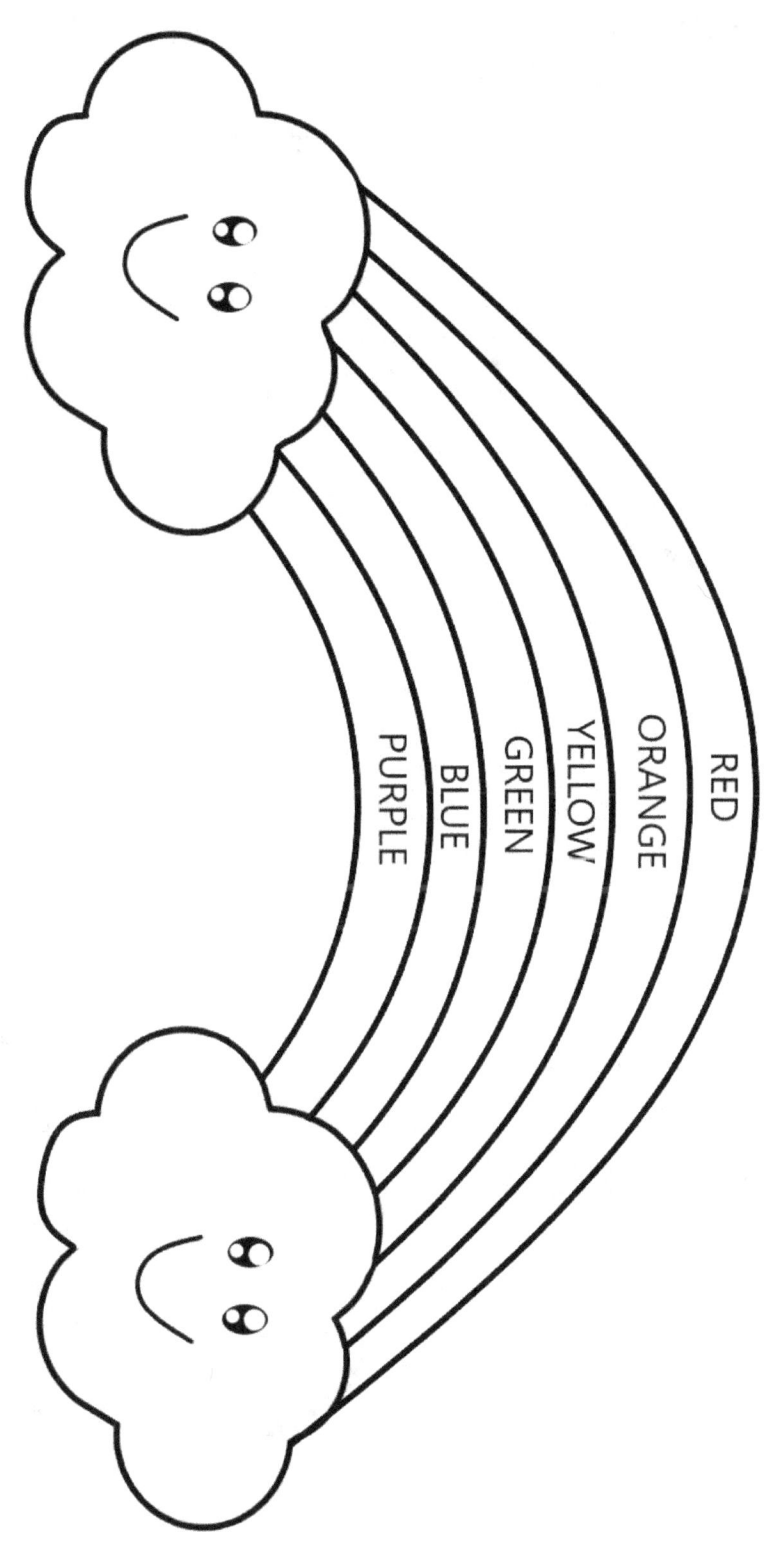

GIOCHIAMO CON I COLORI!

THE APRICOT IS ORANGE

L'ALBICOCCA È ARANCIONE

THE BANANA IS YELLOW

LA BANANA È GIALLA

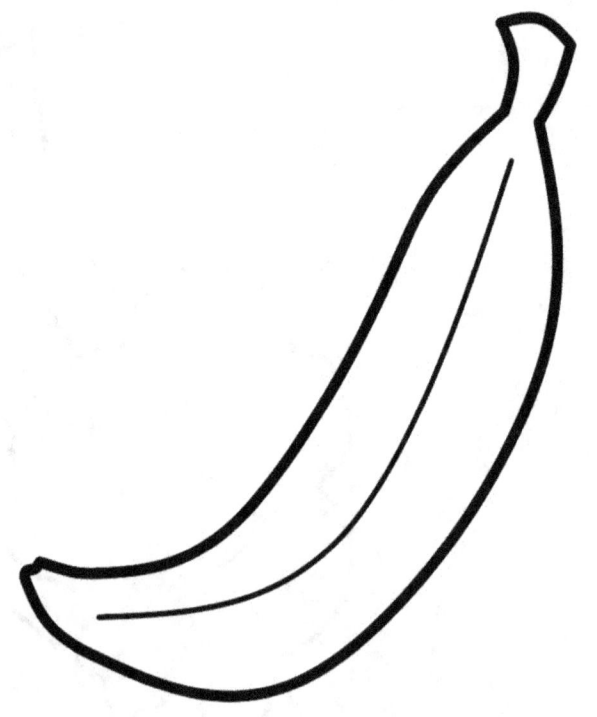

THE STRAWBERRY IS RED

LA FRAGOLA È ROSSA

THE MUSHROOM IS BROWN

IL FUNGO È MARRONE

THE PEAR IS GREEN

LA PERA È VERDE

THE GRAPE IS PURPLE

L'UVA È VIOLA

THE BLUEBERRY IS BLUE

IL MIRTILLO È BLU

THE ONION IS WHITE

LA CIPOLLA È BIANCA

LE PARTI DEL CORPO!

Leggi e colora.

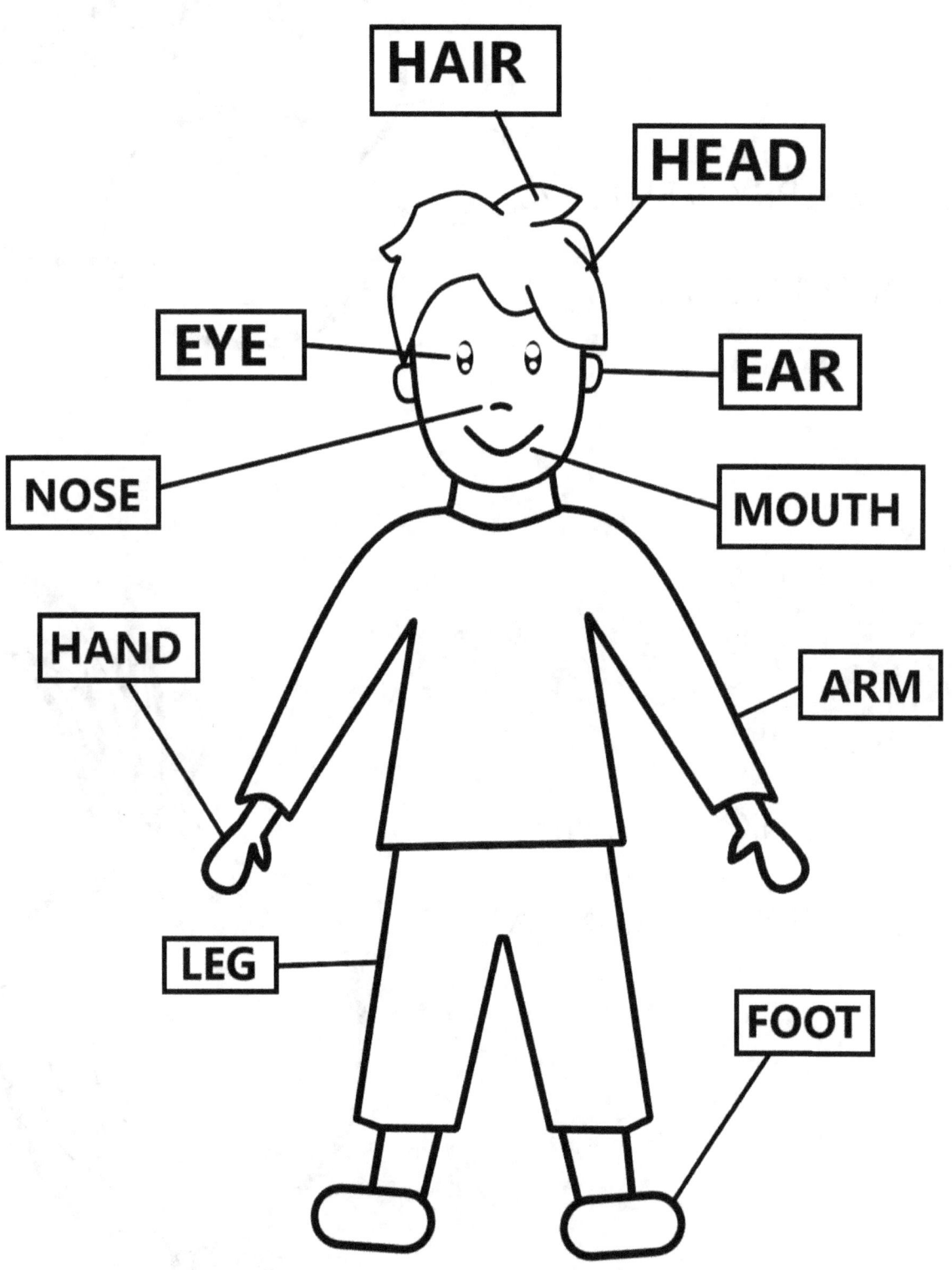

HAIR

HEAD

EYE

EAR

NOSE

MOUTH

HAND

ARM

LEG

FOOT

RISCRIVI TU LE PARTI DEL CORPO

ESERCITIAMOCI CON PARTI DEL CORPO!

Collega i nomi delle parti del corpo

BRACCIO	HEAD
GAMBA	EYE
TESTA	NOSE
BOCCA	HAND
PIEDE	MOUTH
MANO	EAR
OCCHIO	FOOT
ORECCHIO	HAIR
CAPELLI	LEG
NASO	ARM

IMPARIAMO LE FORME!

Impara le forme e ricalca.

RECTANGLE

CIRCLE

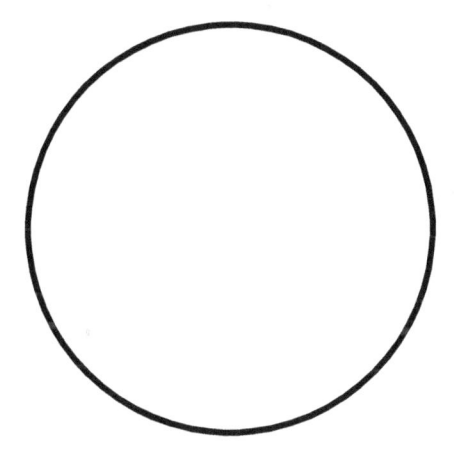 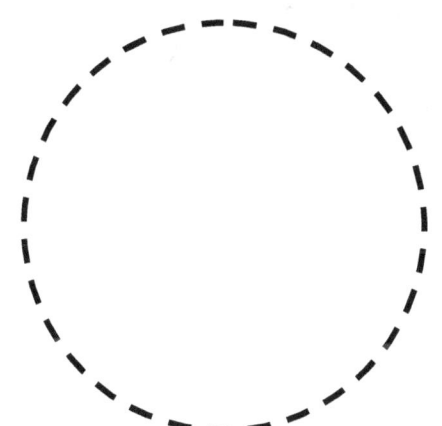

TRIANGLE

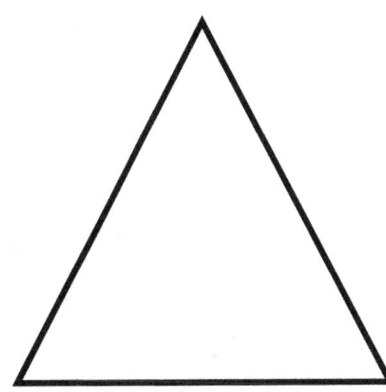 

SQUARE

TRAPEZOID

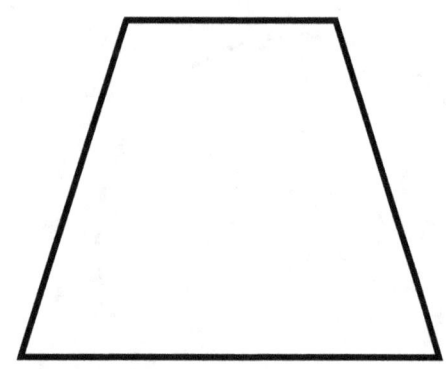 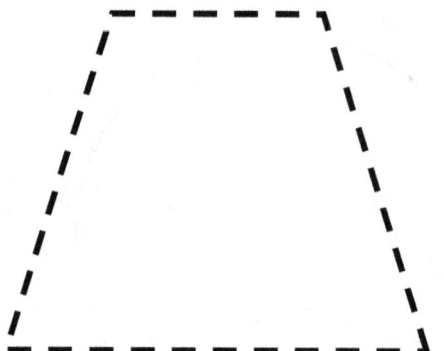

RHOMBUS

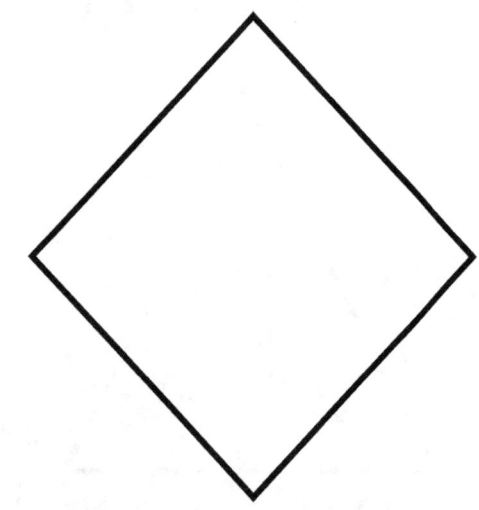 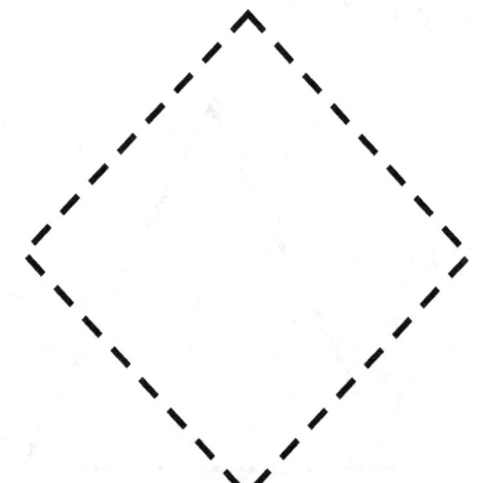

ESERCIZI CON LE FORME!

Ricalca le forme, completa scrivendo il nome e colora!

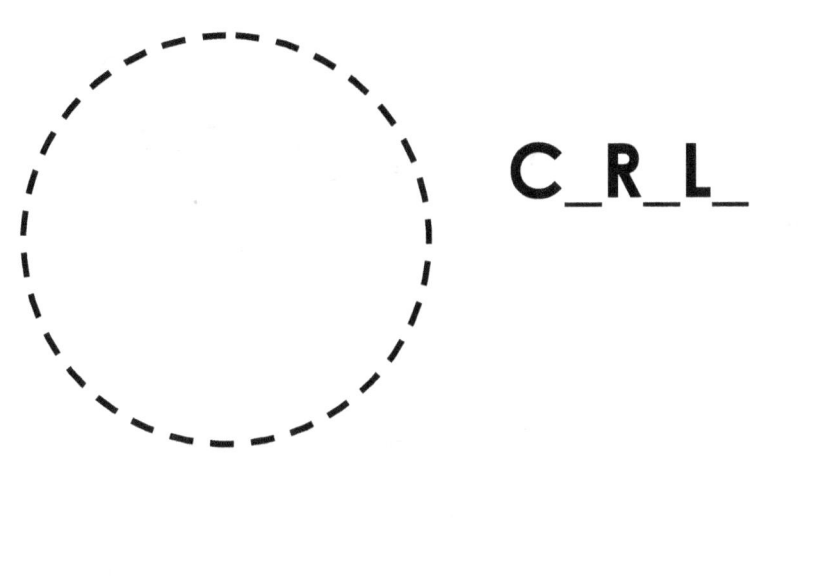

C_R_L_

T_I_N_L_

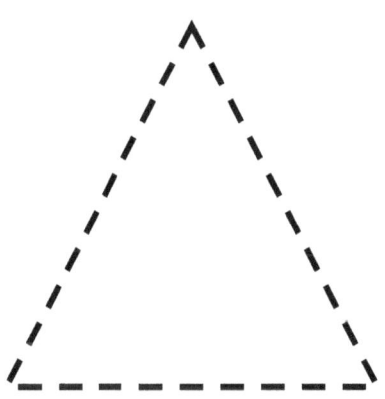

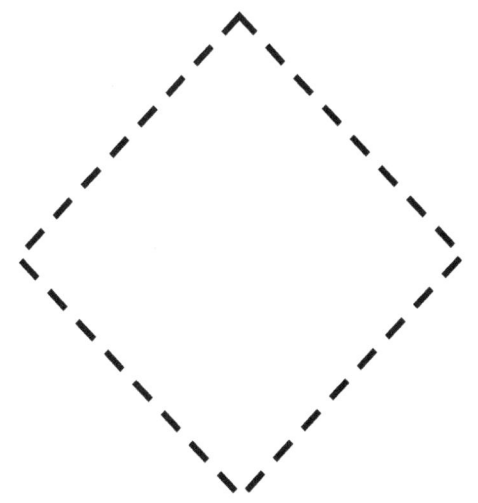

RH_MB_S

R_ECT_NG_E

SQ_A_E

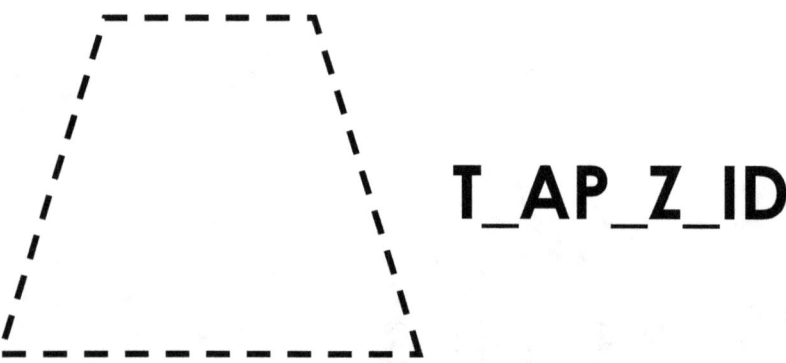

T_AP_Z_ID

BENISSIMO!

HAI COMPLETATO QUESTO LIBRO

E IMPARATO TANTE NUOVE COSE!

ADESSO PUOI DIVERTIRTI A COLORARE

IL TUO ATTESTATO ALLA FINE DEL LIBRO

E APPENDERLO NELLA TUA CAMERETTA!

Attestato conferito a

_____

per aver imparato
tante nuove parole
in inglese!